Python 程序设计项目化教程

主 编　李　伟　张　震　胡向颖
副主编　王　波　李大伟　李庆华　李　芳
主 审　高玉欣

北京理工大学出版社
BEIJING INSTITUTE OF TECHNOLOGY PRESS

内 容 简 介

本书以 Windows 为平台，从入门者的角度，以简洁、通俗易懂的语言系统全面地讲解了 Python 3 的基础知识。全书共分 9 个项目，内容包括 Python 概述、基础语法、常用语句、字符串、列表、元组和字典、函数、文件、异常和错误、面向对象编程等。

本书附有教学课件、源代码、习题等课程资源。

本书可作为计算机相关专业的 Python 教材和信息技术类通识教材，也可作为 Python 编程爱好者的参考书，是一本适合广大编程开发初学者的入门级教材。

图书在版编目（C I P）数据

Python 程序设计项目化教程 / 李伟，张震，胡向颖
主编. -- 北京：北京理工大学出版社，2022.12
ISBN 978 - 7 - 5763 - 1919 - 4

Ⅰ．①P… Ⅱ．①李… ②张… ③胡… Ⅲ．①软件工
具 - 程序设计 - 教材 Ⅳ．①TP311.561

中国版本图书馆 CIP 数据核字（2022）第 240352 号

出版发行 / 北京理工大学出版社有限责任公司
社　　址 / 北京市海淀区中关村南大街 5 号
邮　　编 / 100081
电　　话 / (010)68914775(总编室)
　　　　　　(010)82562903(教材售后服务热线)
　　　　　　(010)68944723(其他图书服务热线)
网　　址 / http://www.bitpress.com.cn
经　　销 / 全国各地新华书店
印　　刷 / 三河市龙大印装有限公司
开　　本 / 787 毫米 × 1092 毫米　1/16
印　　张 / 14　　　　　　　　　　　　　　　　责任编辑 / 王玲玲
字　　数 / 312 千字　　　　　　　　　　　　　　文案编辑 / 王玲玲
版　　次 / 2022 年 12 月第 1 版　2022 年 12 月第 1 次印刷　　责任校对 / 刘亚男
定　　价 / 62.00 元　　　　　　　　　　　　　　责任印制 / 施胜娟

前　言

  Python 是一种解释型、面向对象、动态数据类型的高级程序设计语言,是近年来最流行的编程语言之一。由于 Python 语言的简洁性、易读性以及可扩展性,目前已被应用于众多领域,包括 Web 和 Internet 开发、科学计算和统计、网络爬虫、桌面界面开发及人工智能等方面。

  随着人工智能时代的来临,Python 成为人们学习编程的首选语言。本书站在零基础读者的角度,采用"理论 + 实践"的模式,通过大量的案例,循序渐进地讲解了学习 Python 必备的基础知识,帮助读者建立编程思维和面向对象思想,最大限度地帮助读者真正掌握 Python 语言的核心基础。

  本书基于 Python 3,按照项目和任务的结构体系,结合生活中的案例,由浅入深、全面系统地介绍了利用 Python 语言进行程序开发的知识和技巧,尽量用通俗易懂的语言引导读者开启 Python 的学习之路。全书共分 9 个项目,内容包括 Python 的安装和环境配置、基本语法、常用语句、字符串、列表、元组和字典、函数的使用、文件的处理、异常的捕获和处理、面向对象编程等。在学习过程中,通过不断地解决从简单到复杂的各种问题,激发读者的学习兴趣和学习热情。

  本书建议学时为 64 课时,各学校根据学习需要可做适当调整,课时分配建议如下:

名称	建议课时
项目一　Python 初体验——Python 概述	4
项目二　计算三角形面积——基本语法	6
项目三　打怪兽游戏——常用语句	8
项目四　身份证号码的秘密——字符串	6
项目五　学习小组分组——列表、元组和字典	8
项目六　代码复用——函数	8
项目七　用户注册登录——文件	8
项目八　体重的烦恼——异常	6
项目九　人机猜拳——面向对象编程	10
合计	64

本书的主要特色如下：

1. 知识体系涵盖内容广泛，对每个知识点的讲解更加详细。

2. 语言简练、通俗易懂，用简单、清晰的语言描述难以理解的编程问题，帮助读者更容易理解所学知识。

3. 通过丰富的典型应用实例，引领读者迅速掌握实用技术。

4. 配套资源丰富，包括课件 PPT、电子教案、源代码、习题及模拟测试试卷等。读者也可登录"超星学习通"(http://i.mooc.chaoxing.com/)进行在线课程学习及资源下载。

本书由枣庄科技职业学院李伟、东营科技职业学院张震、枣庄科技职业学院胡向颖担任主编，枣庄科技职业学院王波、李大伟、李庆华、滨州科技职业学院李芳担任副主编，山东理工职业学院高玉欣担任主审，其中，项目一、项目八由李伟编写，项目二、项目七由张震编写，项目三由胡向颖编写，项目四由王波编写，项目五由李芳编写，项目六由李大伟编写，项目九由李庆华编写。全书承蒙山东理工职业学院高玉欣细心指导和审阅，再次谨致以衷心的感谢。

作者在编写本书的过程中参考了大量相关教材和资料，在此向相关作者致以诚挚的谢意。

在本书编写过程中，我们本着科学、严谨的态度，力求精益求精，但由于时间仓促、水平有限，书中难免有疏漏与不足之处，欢迎大家批评指正。

编　者

目 录

项目一

Python初体验

（一）项目描述

Python 是近年来最流行的编程语言之一,其简洁的语法和卓越的可读性使其成为初学者的完美编程语言,并且深受编程人员的喜好和追捧。它具有丰富和强大的库,能够把使用其他语言制作的各种模块(尤其是 C/C++)很轻松地连接在一起,所以 Python 语言也常被称为"胶水"语言。

现要求编写第一个 Python 程序,输出一个名片信息,内容包括姓名、单位、职务、电话等。

（二）项目目标

1. 了解 Python 语言的发展历程。

2. 了解 Python 语言的特点和应用领域。

3. 掌握 Python 的下载与安装,以及开发环境的搭建。

4. 掌握 Python 的运行机制及程序开发的基本流程。

5. 了解代码规范,掌握 Python 输入/输出函数的基本用法。

（三）项目重点

1. Python 开发环境的搭建。

2. 使用 PyCharm 编写 Python 程序。

3. Python 输出函数 print( )的基本用法。

二、项目知识

欢迎来到 Python 的世界,本项目将带领大家认识一门新的计算机语言——Python,它编写简单,便于阅读,自从 1991 年第一版发布至今,已成为近年来增长最快的编程语言之一。用户从一开始接触 Python,就会发现这是一门非常有趣的语言,如果学会了 Python,就会毫不犹豫地想要把它推荐给更多的人。接下来,我们将从 Python 语言的发展及特点入手,带领大家认识 Python 语言的应用领域、下载与安装、开发环境的搭建以及程序开发的基本过程。

1.1 认识 Python

1.1.1 Python 语言简介与发展历程

Python 是一种面向对象的解释型计算机程序设计语言,它继承了传统编程语言的强大性和通用性,同时又借鉴了简易脚本和解释型语言的易用性。它是由荷兰人吉多·范罗苏姆(Guido van Rossum)于 1989 年研发的,并于 1991 年发行第一个公开版本。Python 语言的发明者吉多和 Python 的图标分别如图 1 – 1 和图 1 – 2 所示。

<table>
<tr><td>图 1 – 1 吉多</td><td>图 1 – 2 Python 的图标</td></tr>
</table>

据说在 1989 年圣诞节期间,在阿姆斯特丹,吉多为了打发圣诞节的无聊,决定开发一个新的脚本解释程序,作为 ABC 语言的一种继承。Python(大蟒蛇的意思)作为该编程语言的名字,是取自英国 20 世纪 70 年代首播的电视喜剧《蒙提·派森的飞行马戏团》(Monty Python's Flying Circus),而他是这个喜剧团体的爱好者。

ABC 是由吉多参加设计的一种教学语言。就吉多本人看来,ABC 这种语言非常优美和强大,是专门为非专业程序员设计的。但是 ABC 语言并没有成功,究其原因,吉多认为是其非开放造成的。吉多决心在 Python 中避免这一错误。同时,他还想实现在 ABC 中闪现过但未曾实现的东西,就这样,Python 在吉多手中诞生了。可以说,Python 是从 ABC 发展起来的,主要受到了 Modula – 3(另一种相当优美且强大的语言,为小型团体所设计的)的影响,并且结合了 UNIX Shell 和 C 的习惯。

Python 目前已经成为最受欢迎的程序设计语言之一。自从 2004 年以后,Python 的使用率呈线性增长。2011 年 1 月,它被 TIOBE 编程语言排行榜评为 2010 年度语言。TIOBE 官方最新发布了 2021 年 9 月的编程语言榜单,该月榜单中,可以看到"惊险"的一幕:第二名的 Python 与榜首 C 语言仅相差 0.16%,如图 1 – 3 所示。

Sep 2021	Sep 2020	Change		Programming Language	Ratings	Change
1	1		C	C	11.83%	-4.12%
2	3	^	Python	Python	11.67%	+1.20%
3	2	v	Java	Java	11.12%	-2.37%
4	4		C++	C++	7.13%	+0.01%
5	5		C#	C#	5.78%	+1.20%
6	6		VB	Visual Basic	4.62%	+0.50%
7	7		JS	JavaScript	2.55%	+0.01%
8	14	⇑	ASM	Assembly language	2.42%	+1.12%
9	8	v	php	PHP	1.85%	-0.64%
10	10		SQL	SQL	1.80%	+0.04%
11	22	⇑		Classic Visual Basic	1.52%	+0.77%
12	17	⇑		Groovy	1.46%	+0.48%
13	15	^		Ruby	1.27%	+0.03%
14	11	v	GO	Go	1.13%	-0.33%
15	12	v		Swift	1.07%	-0.31%
16	16			MATLAB	1.02%	-0.07%
17	37	⇑	F	Fortran	1.01%	+0.65%
18	9	⇓	R	R	0.98%	-1.40%
19	13	⇓		Perl	0.78%	-0.53%
20	29	⇑		Delphi/Object Pascal	0.77%	+0.24%

图 1-3　TIOBE 官方 2021 年 9 月的编程语言榜单

要知道,自从 TIOBE 开始统计每月编程语言排行榜,这 20 年来,只有 C 语言和 Java 曾夺下 TIOBE 榜单第一的位置。而 2020 年 Python 首次超越 Java 后,其发展势不可挡,该月更是从未如此逼近过 TIOBE 的桂冠。对此,TIOBE CEO Paul Jansen 表示:"它(Python)只需要赶上那 0.16% 即可超过 C,而这随时都可能发生。"一旦 Python 超越 C 语言成为排名第一,那么 TIOBE 榜单势必将迎来一个新的里程碑,这也将成为编程语言发展历史中的一个重要时刻。

1.1.2　Python 语言的特点

Python 的设计哲学是"优雅""明确""简单"。实际上,Python 始终贯彻着这一理念,以至于现在网络上流传着"人生苦短,我用 Python"的说法。比如,完成同一个任务,C 语言要写 1 000 行代码,Java 只需要写 100 行,而 Python 可能只要 20 行。可见 Python 有着简单、开发速度快、节省时间和容易学习等特点。下面简单介绍 Python 语言的特点。

- 简单:Python 是一种代表简单主义思想的语言。阅读一个良好的 Python 程序就感觉像是在读英语一样。它使你能够专注于解决问题而不是去搞明白语言本身。
- 易学:Python 极其容易上手,因为 Python 有极其简单的说明文档。
- 速度快:Python 的底层是用 C 语言写的,很多标准库和第三方库也都是用 C 语言写的,运行速度非常快。
- 免费、开源:Python 是 FLOSS(自由/开放源码软件)之一。使用者可以自由地发布这个软件的拷贝,阅读它的源代码,对它做改动,把它的一部分用于新的自由软件中。FLOSS 是基于一个团体分享知识的概念,这是 Python 如此优秀的原因之一,它是由一群希望看到一个更加优秀的 Python 人创造的,他们也在不断地对其进行改进。
- 高层语言:用 Python 语言编写程序的时候,无须考虑诸如如何管理你的程序使用的内存一类的底层细节。
- 可移植性:由于它的开源本质,Python 已经被移植在许多平台上(经过改动使它能够工作在不同平台上)。这些平台包括 Linux、Windows、FreeBSD、Macintosh、Solaris、OS/2、Amiga、AROS、AS/400、BeOS、OS/390、z/OS、Palm OS、QNX、VMS、Psion、Acom RISC OS、VxWorks、Play-Station、Sharp Zaurus、Windows CE、PocketPC、Symbian 以及 Google 基于 Linux 开发的 android 平台。
- 解释性:一个用编译性语言比如 C 或 C++写的程序可以从源文件(即 C 或 C++语言)转换到一个你的计算机使用的语言(二进制代码,即 0 和 1)。这个过程通过编译器和不同的标记、选项完成。运行程序的时候,连接/转载器软件把你的程序从硬盘复制到内存中并且运行。而 Python 语言写的程序不需要编译成二进制代码,可以直接从源代码运行程序。

在计算机内部,Python 解释器把源代码转换成称为字节码的中间形式,然后再把它翻译成计算机使用的机器语言并运行。这使得使用 Python 更加简单,也使得 Python 程序更加易于移植。

- 面向对象:Python 既支持面向过程的编程,也支持面向对象的编程。在"面向过程"的语言中,程序是由过程或仅仅是可重用代码的函数构建起来的。在"面向对象"的语言中,程序是由数据和功能组合而成的对象构建起来的。
- 可扩展性:如果要使一段关键代码运行得更快或者希望某些算法不公开,可以部分程序用 C 或 C++编写,然后在 Python 程序中使用它们。
- 可嵌入性:可以把 Python 嵌入 C/C++程序,从而向程序用户提供脚本功能。
- 丰富的库:Python 标准库确实很庞大。它可以帮助处理各种工作,包括正则表达式、文档生成、单元测试、线程、数据库、网页浏览器、CGI、FTP、电子邮件、XML、XML – RPC、HTML、WAV 文件、密码系统、GUI(图形用户界面)、Tk 和其他与系统有关的操作。这被称作 Python 的"功能齐全"理念。除了标准库以外,还有许多其他高质量的库,如 wxPython、Twisted 和 Python 图像库等。

- 规范的代码:Python 采用强制缩进的方式使得代码具有较好可读性。Python 的作者设计限制性很强的语法,使得不好的编程习惯都不能通过编译,其中很重要的一项就是 Python 的缩进规则。一个和其他大多数语言(如 C 语言)的区别就是,一个模块的界限,完全是由每行的首字符在这一行的位置来决定的,而不是用一对花括号{ }来明确地定出模块的边界。通过强制程序员们缩进,Python 确实使得程序更加清晰和美观。

1.1.3　Python 的应用领域

Python 是一种功能强大的编程语言,还是一门未来的编程语言,有着广泛的应用领域,深受开发者青睐。概括起来,主要有以下几个应用领域:

1. Web 开发

Python 的诞生历史比 Web 还要早,由于 Python 是一种解释型的脚本语言,开发效率高,所以非常适合用来做 Web 开发。Python 有上百种 Web 开发框架,有很多成熟的模板技术,选择 Python 开发 Web 应用,不但开发效率高,而且运行速度快。常用的 Web 开发框架有 Django、Flask、Tornado 等。许多知名的互联网企业将 Python 作为主要开发语言:豆瓣、知乎、果壳网、Google、NASA、YouTube、Facebook、Instagram 等。

2. 云计算

Python 是从事云计算工作需要掌握的一门编程语言,目前很火的云计算框架 OpenStack 就是由 Python 开发的,如果想要深入学习并进行二次开发,就需要具备 Python 的技能。

3. 科学计算

Python 是一门很适合做科学计算的编程语言,自 1997 年开始,NASA(National Aeronautics and Space Administration)就大量使用 Python 进行各种复杂的科学运算,并且,随着 NumPy、SciPy、Matplotlib、Enthought Librarys 等众多在数据分析和可视化方面相当完善和优秀的程序库的开发,使得 Python 越来越适合做科学计算、绘制高质量的 2D 和 3D 图像。

4. 人工智能

人工智能是现在非常火的一个方向,AI 热潮让 Python 语言的未来充满了无限的潜力。现在释放出来的几个非常有影响力的 AI 框架,大多是 Python 的实现,为什么呢? 因为 Python 有很多库很方便做人工智能,比如 numpy、scipy 是做数值计算的,sklearn 是做机器学习的,pybrain 是做神经网络的,matplotlib 是将数据可视化的。人工智能大范畴领域内的数据挖掘、机器学习、神经网络、深度学习等方面都是主流的编程语言,得到广泛的支持和应用。

人工智能的核心算法大部分还是依赖于 C/C ++ 的,因为是计算密集型,需要非常精细的优化,还需要 GPU、专用硬件之类的接口,这些都只有 C/C ++ 能做到。而 Python 是这些库的 API binding,使用 Python 是因为 CPython 的胶水语言特性,要开发一个其他语言到 C/C ++ 的跨语言接口,Python 是最容易的,比其他语言的门槛要低不少,尤其是使用 Cython 的时候。

5. 数据分析

在数据分析处理方面,Python 有很完备的生态环境。"大数据"分析中涉及的分布式计算、数据可视化、数据库操作等,Python 中都有成熟的模块可以选择完成其功能。对于 Hadoop - MapReduce 和 Spark,都可以直接使用 Python 完成计算逻辑,这无论是对于数据科学家还是对于数据工程师而言,都是十分便利的。

6. 自动化运维

Python 对于服务器运维而言也有十分重要的用途。由于目前几乎所有 Linux 发行版中都自带了 Python 解释器,使用 Python 脚本进行批量化的文件部署和运行调整都成了 Linux 服务器上很不错的选择。Python 中也包含许多方便的工具,从调控 SSH/SFTP 用的 paramiko,到监控服务用的 supervisor,再到 bazel 等构建工具,甚至 conan 等用于 C++的包管理工具,Python 提供了全方位的工具集合,而在这基础上,结合 Web,开发方便运维的工具会变得十分简单。

7. 网络爬虫

许多人对编程的热情始于好奇,终于停滞。距离真枪实弹做开发有技术差距,无人指点提带,也不知当下水平能干嘛,就在这样的疑惑循环中,编程技能止步不前,而爬虫是最好的进阶方向之一。网络爬虫是 Python 比较常用的一个场景,国际上,Google 在早期大量地使用 Python 语言作为网络爬虫的基础,带动了整个 Python 语言的应用发展。以前国内很多人用采集器搜刮网上的内容,现在用 Python 收集网上的信息比以前容易很多了,如:从各大网站爬取商品折扣信息,比较获取最优选择;对社交网络上的发言进行收集分类,生成情绪地图,分析语言习惯;爬取网易云音乐某一类歌曲的所有评论,生成词云;按条件筛选获得豆瓣的电影书籍信息并生成表格……应用实在太多,几乎每个人学习爬虫之后都能够通过爬虫去做一些好玩、有趣、有用的事。

8. 网络游戏开发

很多游戏使用 C++编写图形显示等高性能模块,而使用 Python 或者 Lua 编写游戏的逻辑、服务器。相较于 Python,Lua 的功能更简单、体积更小,然而 Python 则支持更多的特性和数据类型。例如,国际上知名的游戏 Sid Meier's Civilization(文明)、World of Warcraft(魔兽世界)都是使用 Python 实现的。另外,Python 的 PyGame 库也可用于直接开发一些简单游戏。

1.2 搭建 Python 开发环境

所谓"工欲善其事,必先利其器",在正式学习 Python 开发之前,需要先搭建 Python 开发环境。Python 语言的开发环境主要有 Python 软件包自带的一个"集成开发环境"(IDLE)和 JetBrains 公司开发的 PyCharm。除此之外,还有很多其他的开发环境,这里仅介绍 IDLE 和 PyCharm。

1.2.1 Python 的安装

要进行 Python 开发,需要先安装 Python 解释器。由于 Python 是解释型编程语言,所以需要一个解释器,这样才能运行编写的代码。这里说的安装 Python 实际上就是安装 Python 解释器。Python 目前的最新版本是 Python 3.9.7,本书将以该版本为基础进行讲解。下面以 Windows 操作系统为例介绍安装 Python 的方法,具体操作步骤如下:

①访问 Python 官网:https://www.python.org/,下载安装包,选择"Downloads"→"Windows",如图 1-4 所示。

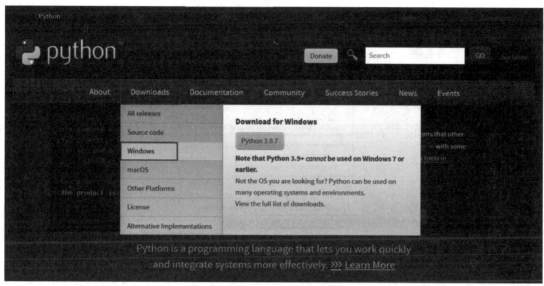

图 1 − 4　Python 官网首页

　　②在跳转到的 Python 下载页中,有很多版本的安装包,用户可以根据自身需求下载相应的版本。这里选择 64 位的 Python 3.9.7 安装包,如图 1 − 5 所示。

Python Releases for Windows

- Latest Python 3 Release - Python 3.9.7
- Latest Python 2 Release - Python 2.7.18

Stable Releases

- Python 3.7.12 - Sept. 4, 2021
  Note that Python 3.7.12 cannot be used on Windows XP or earlier.

  - No files for this release.
- Python 3.6.15 - Sept. 4, 2021
  Note that Python 3.6.15 cannot be used on Windows XP or earlier.

  - No files for this release.
- Python 3.9.7 - Aug. 30, 2021
  Note that Python 3.9.7 cannot be used on Windows 7 or earlier.

  - Download Windows embeddable package (32-bit)
  - Download Windows embeddable package (64-bit)
  - Download Windows help file
  - Download Windows installer (32-bit)
  - Download Windows installer (64-bit)

Pre-releases

- Python 3.10.0rc2 - Sept. 7, 2021
  - Download Windows embeddable package (32-bit)
  - Download Windows embeddable package (64-bit)
  - Download Windows help file
  - Download Windows installer (32-bit)
  - Download Windows installer (64-bit)
- Python 3.10.0rc1 - Aug. 2, 2021
  - Download Windows embeddable package (32-bit)
  - Download Windows embeddable package (64-bit)
  - Download Windows help file
  - Download Windows installer (32-bit)
  - Download Windows installer (64-bit)
- Python 3.10.0b4 - July 10, 2021
  - Download Windows embeddable package (32-bit)
  - Download Windows embeddable package (64-bit)

图 1 − 5　Python 下载列表

　　③下载成功后,双击开始安装,安装界面如图 1 − 6 所示。Python 提供了两种安装方式:选择"Install Now"将采用默认安装方式,无法改变安装目录;选择"Customize installation"将采用自定义安装方式,可自行修改安装路径。

图 1-6　Python 安装界面

另外,需要注意的是,安装界面下方有"Add Python 3.9 to PATH"复选框,若选中此复选框,安装完成后,Python 将被自动添加到环境变量中;若不选中此复选框,则在使用 Python 解释器前需先手动将 Python 添加到环境变量中。

④选中"Add Python 3.9 to PATH"复选框,选择"Customize installation"自定义安装,出现如图 1-7 所示对话框。

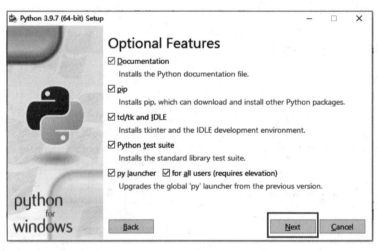

图 1-7　安装可选工具对话框

该对话框共有如下 6 个选项:

Documentation:安装 Python 文档文件。

pip:安装 pip,它可以下载和安装其他 Python 软件包。

tcl/tk and IDLE:安装 Tkinter 工具和 IDLE。

Python test suite:安装标准库测试套件。

py launcher:安装升级以前版本的 Python 启动器。

for all users(requires elevation):对所有用户安装。

⑤默认全选,单击"Next"按钮,出现如图 1 – 8 所示对话框。其中有 3 个已经勾选的默认选项,其他选项可需要进行选择,这里勾选"Install for all users",同时自定义安装路径,选择完毕单击"Install"按钮,开始安装。

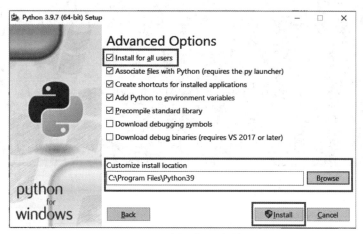

图 1 – 8　高级选项对话框

⑥安装完成,出现如图 1 – 9 所示对话框。单击"Close"按钮完成安装。

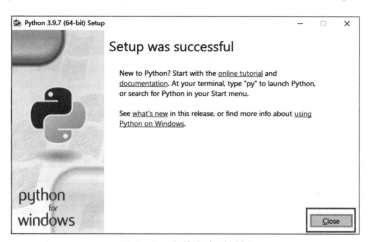

图 1 – 9　安装完成对话框

打开 Windows"开始"菜单,找到 Python 3.9 文件夹,可以看到 Python 相关程序菜单包括 4 项,如图 1 – 10 所示。

IDLE（Python 3.9 64 – bit）:Python 集成开发环境。

Python 3.9（64 – bit）:Python 命令行工具。

Python 3.9 Manuals（64 – bit）:Python 3.9 手册。

Python 3.9 Module Docs(64 – bit):Python 3.9 模块文档。

⑦单击图 1 – 10 中的 Python 3.9（64 – bit）,打开 Python 命令行工具控制窗口,就会显示当前安装的 Python 版本信息,如图 1 – 11 所示。

图 1 – 10　"开始"菜单中的
Python 3.9 文件夹

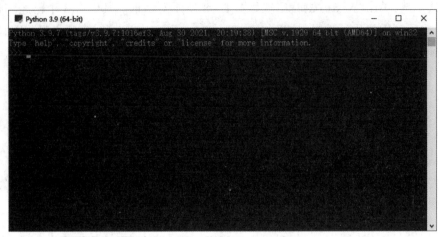

图1-11　**Python** 命令行工具

Python 环境变量的配置

　　在上述 Python 的安装过程中,如果第 3 步没有选中"Add Python 3.9 to PATH"复选框,那么在 Python 安装完成之后,需要手动配置环境变量。具体操作步骤如下:

　　①鼠标右击"计算机",选择"属性"→"高级系统设置",弹出如图 1-12 所示的"系统属性"对话框。

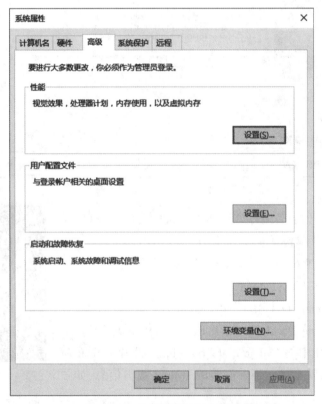

图1-12　"系统属性"对话框

②单击"环境变量"按钮,在弹出的"环境变量"对话框中单击"Path",如图 1 – 13 所示。

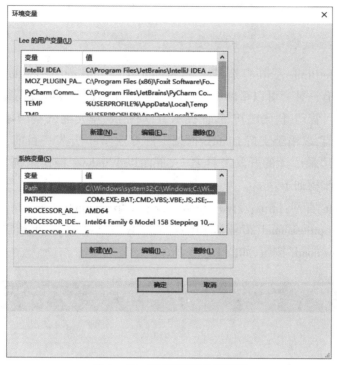

图 1 – 13　"环境变量"对话框

③单击"编辑"按钮,单击"新建"按钮,然后输入 Python 的安装路径,如图 1 – 14 所示。

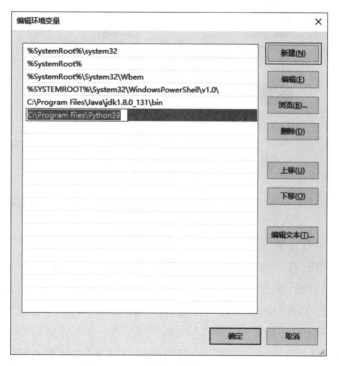

图 1 – 14　"编辑环境变量"对话框

④单击"确定"按钮完成环境变量的配置。此时打开 Python 命令行工具控制窗口,就会显示当前安装的 Python 版本信息,如图 1 – 11 所示。

1.2.3　集成开发环境 PyCharm 的安装

PyCharm 是由 JetBrains 公司打造的一款 Python IDE(Integrated Development Environment,集成开发环境),带有一整套可以帮助用户在使用 Python 语言开发时提高其效率的工具,比如调试、语法高亮、项目管理、代码跳转、智能提示、自动完成、单元测试、版本控制。此外,该 IDE 提供了一些高级功能,以用于支持 Django 框架下的专业 Web 开发。目前,PyCharm 已经成为 Python 开发人员使用最广泛的开发工具之一,下面以 Windows 操作系统为例介绍如何安装 PyCharm,具体操作步骤如下:

①访问 PyCharm 官网:https://www.jetbrains.com/pycharm/download/,下载安装包,这里有两个版本,分别是 professional(专业版)和 community(社区版),对于初学者,推荐安装免费的社区版,单击"Download"按钮,如图 1 – 15 所示。

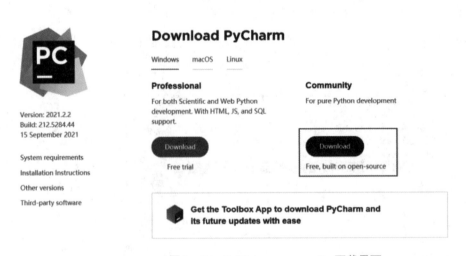

图 1 – 15　PyCharm community 下载界面

②下载完成后,运行安装程序,显示如图 1 – 16 所示的安装界面。

③单击"Next"按钮,进入选择安装目录的界面,如图 1 – 17 所示。

④选择默认安装目录,单击"Next"按钮,进入文件配置的界面,如图 1 – 18 所示。

⑤保持默认选项,单击"Next"按钮,进入选择启动菜单的界面,如图 1 – 19 所示。

⑥单击"Install"按钮,开始安装,如图 1 – 20 所示。

⑦安装完成后的界面如图 1 – 21 所示,最后单击"Finish"按钮完成即可。

图 1 – 16　进入安装 PyCharm 界面　　　　　　图 1 – 17　选择安装的路径

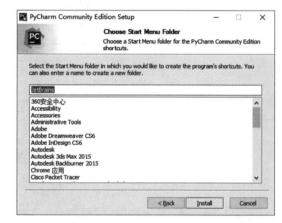

图 1 – 18　文件配置界面　　　　　　　　图 1 – 19　选择启动菜单界面

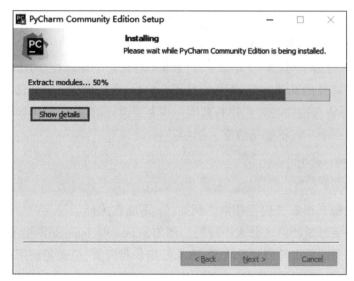

图 1 – 20　开始安装

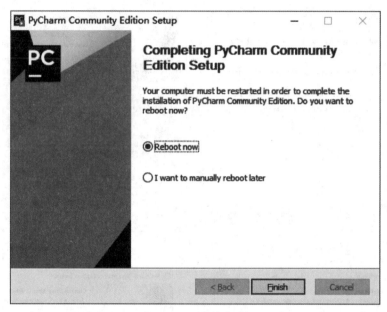

图 1 - 21   安装完成

1.3 编写 Python 程序

在 1.2 节中,已经搭建好了 Python 开发环境,下面就来学习如何编写 Python 程序。这里分别介绍如何使用 IDLE 和 PyCharm 来编写 Python 程序,以及 Python 的基本语法和运行机制。

1.3.1 Python 基本语法

1. 标识符

标识符是用来标识某个对象的名字,就好像人一样,需要起个名字,便于称呼、指代,它的主要作用就是作为变量、函数、类、模块以及其他对象的名称。

Python 中,标识符由字母(A~Z 和 a~z)、数字(0~9)、下划线(_)组成,如果标识符中出现除了这 3 类字符之外的其他字符,就肯定是不合法标识符,例如 name#就不是一个合法的标识符。除此之外,标识符的命名方式还有其他一些需要遵守的规则,具体如下:

①标识符的第一个字符不能是数字。例如:

```
name_12 # 合法的标识符
12_name # 不合法的标识符
```

②标识符不能和 Python 关键字相同。例如,for 不能作为标识符。

③标识符中的字母是严格区分大小写的。例如,name 和 Name 是两个不同的标识符。

④以下划线开头的标识符有特殊含义,除非特定场景需要,应避免使用以下划线开头的标识符。例如,__int__是类的构造函数。

另外,在给标识符命名的时候还要尽量做到"见名知其意",例如,book_name,我们看到之后,就能大概猜出是"书的名字"相关的内容;user_name,能大概猜出是"用户名字"相关的内容等。

2. 关键字

在 Python 中,具有特殊功能的标识符称为关键字,关键字是已经被 Python 语言自己使用的,不允许开发者定义和其相同名称的标识符。

Python 中的每个关键字都代表不同的含义,可以在 Python 命令行工具中输入"help( )",然后输入"keywords"来查看关键字的信息列表,如图 1 – 22 所示。

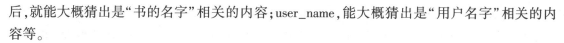

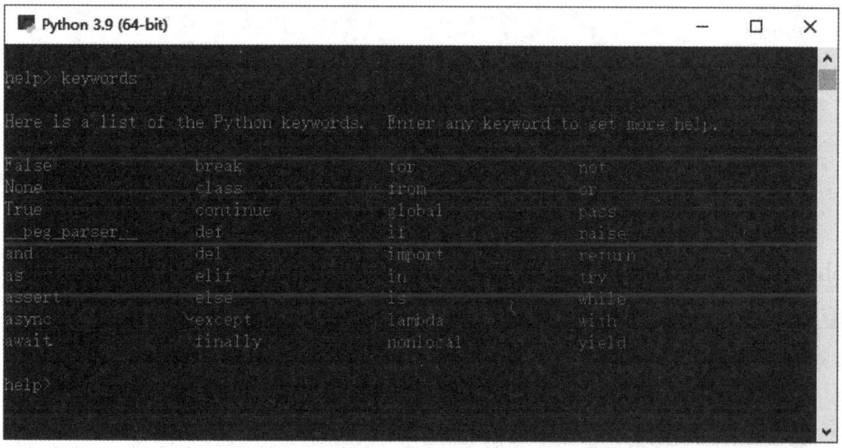

图 1 – 22　Python 中的关键字

3. 基本输入/输出

通常,一个程序都会有输入/输出,这样可以与用户进行交互。用户输入一些信息,你会对他输入的内容进行一些适当的操作,然后再输出给用户想要的结果。Python 提供了用于实现输入/输出功能的函数 input( )和 print( ),下面分别进行介绍。

(1)输入函数

输入函数 input( )函数用于接收标准输入数据,默认的标准输入是键盘,该函数返回一个字符串类型数据,其语法格式如下:

```
input([prompt])
```

其中,prompt 为提示信息。

另外,还可以使用变量对用户输入的信息进行保存。需要注意的是,获取的数据都会被转化为字符串类型,如需将其转化为整型等数据类型,可以使用数据类型转化函数。例如:

```
>>> num1 = input("请输入第一个整数:")
请输入第一个整数:100
>>> num2 = input("请输入第二个整数:")
请输入第二个整数:200
>>> num = num1 + num2
>>> print(num)
100200
```

上述示例中,分别使用变量 num1 和 num2 保存用户输入的 100 和 200 两个数,然后计算并输出 num1 + num2 的结果,最后输出 100 200,这是因为 input( ) 函数接收的数据都会被转换为字符串类型,计算 num1 + num2 的结果时,实际执行的是两个字符串的连接操作。

如果希望计算的是两个整数的和,需要进行数据类型转化,使用 int( ) 函数将 num1 和 num2 分别转换为整型数据,再进行加法运算,修改代码如下:

```
>>> num = int(num1) + int(num2)
>>> print(num)
300
```

(2)输出函数

输出函数 print( ) 用于向标准输出设备(屏幕)输出数据,可以输出任何类型的数据,其语法格式如下:

```
print( * objects[, sep = "[, end = '\n'[, file = sys.stdout]]])
```

其中,objects 表示输出的对象。输出多个对象时,需要用逗号分隔;sep 用来间隔多个对象,默认为空格;end 用来设定以什么结尾,默认值是换行符 \n,也可以换成其他字符;file 为要写入的文件对象。例如:

```
>>> name = "吉多"
>>> print("Python 语言的发明人是:",name) # 输出字符串和变量
Python 语言的发明人是: 吉多
```

```
>>> print("www","python","com",sep = ".") # 设置字符串的间隔符为 "."
www.python.com
```

需要注意的是,在 Python 中,print( ) 函数默认 end = '\n' 是换行的,即语句 print( ) 会打印一个空行,可以设置"end = """"来实现不换行。这里的 \n 是一个转义字符,如果需要在字符中使用特殊字符时,就需要用到转义字符,在 Python 里用反斜杠"\"转义字符。转义字符"\"可以转义很多字符,表 2 − 1 列出了 Python 常用的转义字符。

表 2 − 1　转义字符

转义字符	描述
\n	换行符,将光标位置移到下一行开头
\r	回车符,将光标位置移到本行开头
\b	退格(Backspace),将光标移动前一列
\f	换页,将光标位置移到下页开头
\t	水平制表
\v	垂直制表
\000	空

转义字符	描述
\\	代表一个反斜线字符"\"
\'	代表一个单引号字符
\"	代表一个双引号字符
\（在行尾时）	续行符,即一行未完,转到下一行继续写

4. 编码规范

随着产品版本迭代和日渐丰富的功能,源文件及代码也越发庞大和复杂,对于程序开发人员来说,除了保障程序运行的正确性及提升代码运行的性能和效率之外,一套优雅统一的编码规范会对项目的更新、修改、维护等带来极大的便捷性,也能使程序免于陷入不同风格代码理解的泥潭中而无法自拔。

PEP8 是一份关于 Python 编码的规范指南,遵守该规范能够帮助 Python 开发者写出优雅的代码,提高代码可读性。

（1）代码布局

①缩进:空格是首选的缩进方式。标准的 Python 风格中每个缩进级别使用四个空格,并且同一代码块的语句必须含有相同的缩进空格数,不推荐使用制表符 tab。Python 3 不允许同时使用空格和制表符的缩进。需要注意的是,程序的首行不缩进,否则会出现语法错误。

②最大行宽:所有行的最大行宽为 79 个字符,如果是文本(如注释),最大为 72 字符。较长的代码行可以在语句的外侧添加一对小括号,将其进行换行显示。

③空行:全局函数之间、类定义之间空两行;成员方法之间空一行;函数内逻辑无关段落之间空一行;其他地方尽量不要空行。

（2）表达式和语句中的空格

总体原则,避免不必要的空格。

①各种右括号前不要加空格;

②逗号、冒号、分号前不要加空格;

③函数的左括号前不要加空格,如 Func(1);

④序列的左括号前不要加空格,如 list[2];

⑤避免在尾部添加空格;

⑥操作符左、右各加一个空格,不要为了对齐而增加空格;

⑦函数默认参数使用的赋值符左、右省略空格;

⑧不要将多句语句写在同一行,尽管使用";"允许;

⑨if/for/while 语句中,即使执行语句只有一句,也必须另起一行。

（3）注释

为了使程序便于阅读和理解,在程序中可以添加注释。注释的作用是增强程序的可读性和对程序进行调试。需要注意的是,在更新代码时,优先更新注释,不对应的注释比没注释还要糟糕。

在 Python 中,注释有两种:单行注释和多行注释。注释在程序运行时,不会被执行。

①单行注释。以"#"开头,在其后写注释的内容。单行注释可以写在一段代码的前面,占用一行,此时也称作块注释;也可以写在语句的后面,此时也称作行内注释。例如:

```
# 第一个注释
print("I Love Python") # 输出字符串
```

需要注意的是,#后面建议先添加一个空格,然后再编写相应的说明文字。如果添加的是行内注释,注释和代码之间至少要有两个空格。

②多行注释。多行注释以三个单引号"'''"或三个双引号""""""开头,中间写注释内容,再以三个单引号"'''"或三个双引号""""""结束。多行注释符一般独占一行,与注释内容分行书写。

例如:

```
'''
这是一个多行注释
Life is short, I use Python
人生苦短,我用 Python
'''
```

1.3.2 使用 IDLE 编写 Python 程序

Python 的安装过程中默认自动安装了自带的集成开发学习环境(Integrated Development Learning Environment, IDLE),通过 Windows 的"开始"菜单,单击"IDLE (Python 3.9 64 – bit)"进入如图 1 – 23 所示的界面。

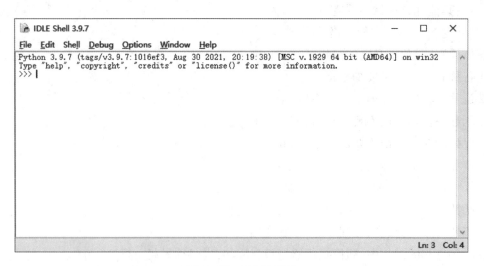

图 1 – 23　IDLE 界面

Python 程序的运行方式有两种:交互模式和批处理模式。下面分别进行介绍。

1. 交互模式

交互模式是指 Python 解释器逐行接收代码并及时响应,即在写完一行代码,按 Enter 键后会立即执行并得到结果。

例如,这里首先输入"2＋3",按 Enter 键后会输出运算结果"5";然后使用 print( )函数输出一个字符串"Hello World!",按 Enter 键后显示输出结果,如图 1 – 24 所示。

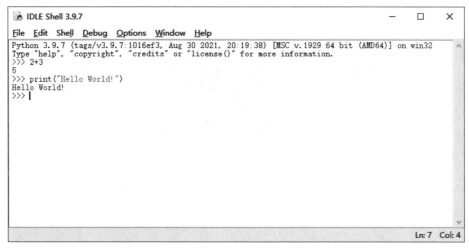

图 1 – 24　交互模式运行结果

2. 批处理模式

交互模式只能输入一条语句执行一条语句,当想一次执行多条语句时,交互模式显然不够用,因为需要保存大量的代码,需要新建相应的文件来保存代码,这就是批处理模式,也称文件模式。

在交互式窗口中选择"File"→"New File",便会弹出批处理模式窗口,如图 1 – 25 所示,用户可在此窗口中编辑代码,保存、执行程序,并在"IDLE Shell"窗口中输出运行结果。

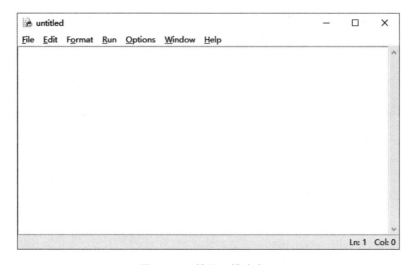

图 1 – 25　批处理模式窗口

例如:计算 2 + 3 的值,输出"Hello World!"。

在批处理模式窗口,分别输入

```
print(2 + 3)
print("Hello World!")
```

选择"File"→"Save",将文件以 HelloWorld. py 命名并保存,然后选择"Run"→"Run Module"运行代码,如图 1 - 26 所示。

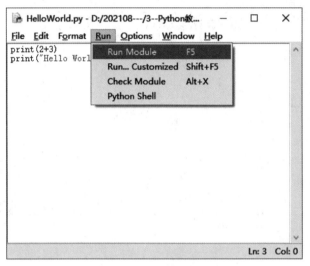

图 1 - 26　编写并运行程序

程序在 IDLE Shell 窗口中的运行结果如图 1 - 27 所示。

图 1 - 27　批处理模式运行结果

1.3.3　使用 PyCharm 编写 Python 程序

PyCharm 安装完成后,会在桌面添加一个快捷方式,双击 PyCharm 快捷方式图标运行程序,弹出如图 1 – 28 所示的 PyCharm 用户协议对话框。

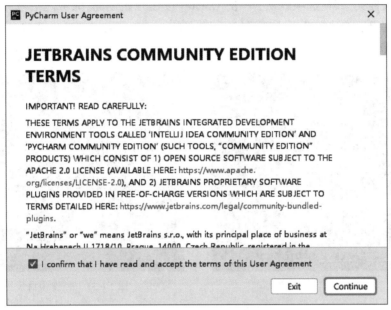

图 1 – 28　PyCharm 用户协议对话框

勾选左下部的"I confirm that I have read and accept the terms of this User Agreement"(我确认我已经阅读了且同意本协议条款),单击"Continue"按钮继续。此时会出现如图 1 – 29 所示的数据共享对话框,一般选择"Don't Send"(不发送),进入 PyCharm 欢迎界面,如图 1 – 30 所示。

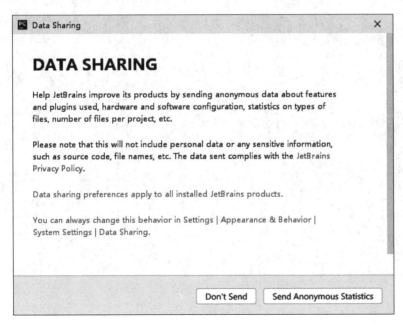

图 1 – 29　数据共享对话框

第一次使用选择"New Project"创建一个新项目,如图 1 – 31 所示,修改项目存储位置为
"D:\Python"文件夹,其他选项默认,单击"Create"按钮开始创建,完成之后选中项目名称,单
击鼠标右键,在弹出的快捷菜单中选择"New"→"Python Package"新建一个包,命名为Lesson1,
如图1 – 32 所示。

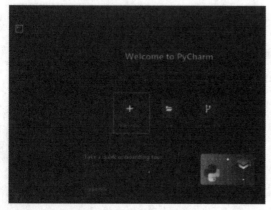

图 1 – 30　PyCharm 欢迎界面

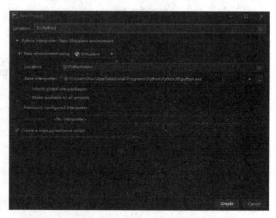

图 1 – 31　新建项目设置界面

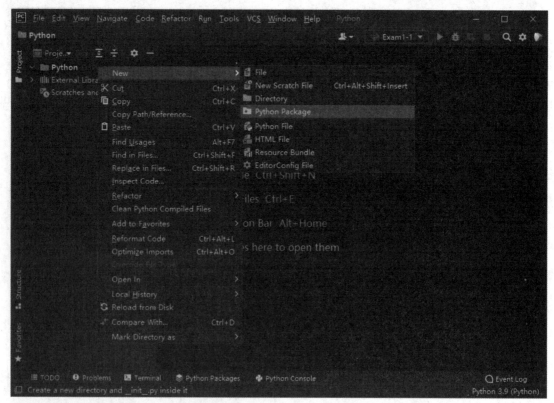

图 1 – 32　新建包

选中包的名称,单击鼠标右键,在弹出的快捷菜单中选择"New"→"Python File"新建一个
Python 文件,如图 1 – 33 所示,命名为 Exam1 – 1。

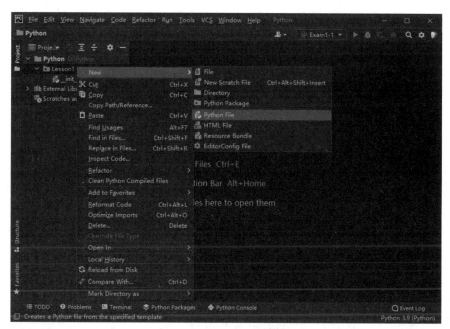

图 1-33　新建 Python 文件

这时就可以编写 Python 程序了，这里同样输入下列语句：

```
print(2 +3)
print("Hello World!")
```

然后，在文件界面上单击鼠标右键，在弹出的快捷菜单中选择"Run Exam1 -1"，如图 1-34 所示，程序的运行结果如图 1-35 所示。

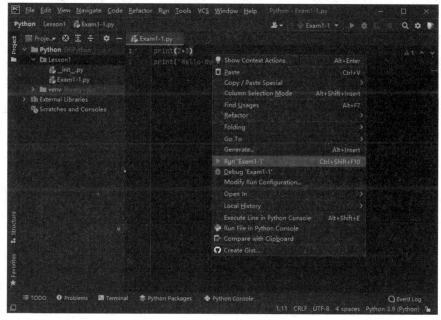

图 1-34　运行程序

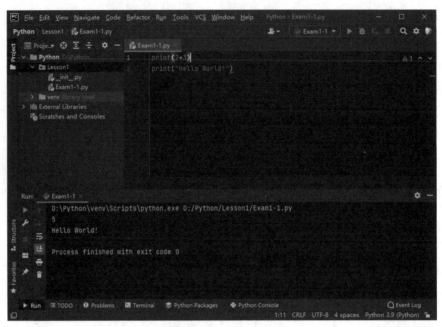

图 1 – 35　运行结果

1.3.4　Python 的运行机制

我们都知道,使用 C/C++ 等语言编写的程序,需要从源文件转换成计算机使用的机器语言,经过链接器链接之后形成二进制可执行文件,运行该程序的时候,就可以把二进制程序从硬盘载入内存中并运行。

Python 是一门解释型的编程语言,因此它具有解释型语言的运行机制。Python 源码不需要编译成二进制代码,它可以直接从源代码运行程序。解释型语言是指使用专门的解释器将源程序逐行解释成特定平台的机器码并立即执行的语言。

解释器是一种让其他程序运行起来的程序,它是代码与机器的计算机硬件之间的软件逻辑层,Python 解释器就是能够让 Python 程序在机器上执行的一套程序。当执行写好的 Python 代码时,Python 解释器会执行如图 1 – 36 所示的两个步骤。

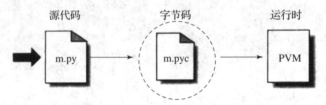

图 1 – 36　Python 的运行机制

1. 把源代码编译成字节码

首先将源代码编译成字节码,该字节码是特定于 Python 的一种表现形式,并不是像 Java 那样直接生成 class 文件,而是先生成 pyCodeObject 对象,保存的是 Python 的字节码数据,放在内存中,执行过后才会生成 pyc 文件并写入硬盘。当 Python 程序第二次运行时,首先程序会在

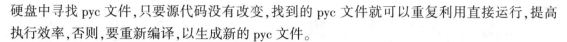

硬盘中寻找 pyc 文件,只要源代码没有改变,找到的 pyc 文件就可以重复利用直接运行,提高执行效率,否则,要重新编译,以生成新的 pyc 文件。

2. 把编译好的字节码转发到 Python 虚拟机(PVM)中进行执行

PVM 是 Python Virtual Machine 的简称,它是 Python 的运行引擎,是 Python 系统的一部分,它是迭代运行字节码指令的一个大循环、一个接一个地完成操作。这样做的好处是可以实现 Python 程序的跨平台运行,也就是说,在不同的操作系统平台上可以运行相同的 Python 程序,只需提供相应平台的 Python 解释器即可,如图 1-37 所示。

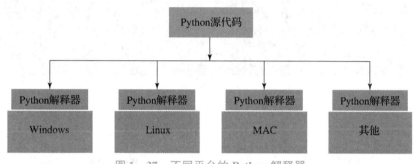

图 1-37 不同平台的 Python 解释器

三、项目实现

本项目要求输出一个包含姓名、单位、职务、电话等信息的名片,可以使用输入函数 input( ) 来接收名片的信息,然后使用输出函数 print( ) 输出,具体代码如下:

```
1    name = input("请输入姓名:")
2    unit = input("请输入工作单位:")
3    title = input("请输入职务:")
4    tel_number = input("请输入电话号码:")
5    print(" --------------------- ")
6    print("姓    名:",name)
7    print("工作单位:",unit)
8    print("职    务:",title)
9    print("电话号码:",tel_number)
10   print(" --------------------- ")
```

项目的运行结果如图 1-38 所示。

四、项目总结

本项目主要介绍了 Python 的基础知识,首先带大家认识了 Python,对它的发展历程、特点和应用领域进行了讲解;然后介绍了 Python 开发环境的搭建,下载安装了 Python 和 PyCharm;最后讲解了如何使用 IDLE 和 PyCharm 来编写 Python 程序,以及 Python 基本的语法和运行机制。通过本项目的学习,希望大家能够对 Python 有初步的认识,能够独立完成 Python 开发工具的安装和基本使用,为后面学习 Python 开发做好准备。

图 1-38 项目运行结果

五、项目拓展

①编写程序,计算并输出长方形的周长。要求:长方形的长和宽均为整数,并且由用户从键盘输入。

②编写程序,输出如图 1-39 所示的图形。

图 1-39 运行结果

六、课后习题

1. 单选题

(1)下列选项中,不属于 Python 语言特点的是(   )。

A. 简单易学   B. 开源   C. 面向过程   D. 可移植性

(2)以下选项中不符合 Python 语言变量命名规则的是(   )。

A. TempStr   B. 3_1   C. _Al   D. l

(3)关于 Python 语言的注释,以下选项中描述错误的是(   )。

A. Python 语言的单行注释以单引号'开头

B. Python 语言有两种注释方式:单行注释和多行注释

C. Python 语言的单行注释以#开头

D. Python 语言的多行注释以'''(三个单引号)开头和结尾

(4)以下关于 Python 缩进的描述中,错误的是(　　　　)。

A. Python 用严格的缩进表示程序的格式框架,所有代码都需要在行前至少加一个空格

B. 缩进是可以嵌套的,从而形成多层缩进

C. 缩进表达了所属关系和代码块的所属范围

D. 判断、循环、函数等都能够通过缩进包含一批代码

(5)在 Python 语言中,可以作为源文件后缀名的是(　　　　)。

A. python　　　　　　　B. pdf　　　　　　　C. py　　　　　　　　　　D. pyc

(6)以下不属于 Python 语言关键字的是(　　　　)。

A. do　　　　　　　　　B. while　　　　　　C. True　　　　　　　　D. pass

(7)在屏幕上打印输出 Hello World,使用的 Python 语句是(　　　　)。

A. print('Hello World')　　　　　　　　B. println("Hello World")

C. print(Hello World)　　　　　　　　　D. printf('Hello World')

(8)Python 语言属于(　　　　)。

A. 机器语言　　　　　　　　　　　　　B. 汇编语言

C. 高级语言　　　　　　　　　　　　　D. 科学计算语言

(9)以下 Python 注释代码,不正确的是(　　　　)。

A. #Python 注释代码

B. #Python 注释代码1　#Python 注释代码2

C. """Python 文档注释"""

D. //Python 注释代码

(10)下列关于 input()和 print()的说法中,错误的是(　　　　)。

A. input()函数可以接收由键盘输入的数据

B. input()函数会返回一个字符串类型的数据

C. print()函数可以输出任何类型的数据

D. print()函数输出的数据不支持换行操作

2. 判断题

(1)Python 使用符号#表示单行注释。　　　　　　　　　　　　　　　　　　　(　　　)

(2)Python 中的标识符不区分大小写。　　　　　　　　　　　　　　　　　　　(　　　)

(3)Python 采用强制缩进的方式使得代码具有极佳的可读性。　　　　　　　　　(　　　)

(4)Python 中的多行语句可以使用反斜杠来实现。　　　　　　　　　　　　　　(　　　)

(5)Python 是开源的,它可以被移植到许多平台上。　　　　　　　　　　　　　(　　　)

(6)Python 程序被解释器转换后的文件格式后缀名为 pyc。　　　　　　　　　　(　　　)

(7)Python 源码不需要编译成二进制代码,它可以直接从源代码运行程序。　　　(　　　)

3. 填空题

（1）Python 编写的程序可以在任何平台中执行，这体现了 Python 的＿＿＿＿＿＿特点。

（2）Python 解释器将源代码转换成＿＿＿＿＿＿＿＿，交给 Python 虚拟机执行。

（3）Python 语言通过强制＿＿＿＿＿＿来体现语句间的逻辑关系。

（4）标识符的命名规则是由＿＿＿＿＿＿、＿＿＿＿＿＿或＿＿＿＿＿＿组成，不能以＿＿＿＿＿＿开头，不能与＿＿＿＿＿＿同名。

（5）在 help＞提示符下，输入＿＿＿＿＿＿命令，可显示当前 Python 版本的全部关键字。

（6）input( )函数接收的数据为＿＿＿＿＿＿类型。

（7）使用 print( )函数输出数据，默认分隔符是＿＿＿＿＿＿，默认结束符是＿＿＿＿＿＿。

项目二

计算三角形面积

一、项目分析

(一)项目描述

在小学我们就知道,三角形的面积是底乘以高除以 2。那么已知任意一个三角形的三条边,如何能够求出三角形的面积呢？这里用到了海伦公式,它是利用三角形的三条边的边长直接求三角形面积的公式,例如三角形的三条边的边长分别为 a、b、c,面积用 S 表示,则海伦公式为

$$S = \sqrt{p(p-a)(p-b)(p-c)}$$

其中,p 为三角形的半周长,即

$$p = \frac{a+b+c}{2}$$

现要求编写第一个 Python 程序,计算三角形的面积。

(二)项目目标

1. 掌握 Python 中的变量和基本数字类型。
2. 掌握数字类型之间的转换。
3. 掌握 Python 中不同运算符的作用,会进行不同类型的数值运算。
4. 掌握 Python 输出函数的格式化输出。

(三)项目重点

1. Python 中的运算符。
2. Python 输出函数 print( ) 的格式化输出。

二、项目知识

在使用 Python 语言解决实际问题时,需要用到数据及对这些数据所进行的操作,对数据能够进行哪些操作是由数据类型决定的。数据类型是构成编程语言语法的基础,不同的编程语言有不同的数据类型,但都具有常用的几种数据类型。本项目将对 Python 中的变量、数字类型、运算符和表达式进行详细介绍。

2.1 认识变量

2.1.1 变量和常量

1. 变量的概念

变量就是可以变化的量,Python 程序运行的过程中,随时可能产生一些临时可变数据,应用程序会将这些数据保存在内存单元中,并使用不同的标识符来标识各个内存单元。这些具有不同标识、存储临时可变数据的内存单元称为变量,标识内存单元的符号则为变量名,就是这个空间的门牌号,能方便地找到这块内存单元,内存单元中存储的数据就是变量的值。

2. 定义变量

Python 中的变量不需要声明,但是,每个变量在使用前都必须先定义,然后才能使用。变量定义格式如下:

```
变量名 = 值
```

其中,变量名指向所在的内存单元; = 号为赋值运算符,用于将值的内存单元地址绑定给变量名;值就是存储的数据,反映的是事物的状态。

变量名的命名应当遵守标识符的命名规范,它的命名风格一般有以下两种:

风格一:驼峰法

```
NameOfTeacher = "David"
AgeOfStudent = 18
```

风格二:纯小写加下划线

```
name_of_teacher = "David"
age_of_student = 18
```

在 Python 中,推荐使用风格二。

除此之外,在 Python 中还可以同时指定一个值给几个变量或者指定多个值给多个变量,例如:

```
a = b = c = 1
a, b, c = 1, 2, "Python"
```

这里,第 1 条语句中的值 1 被同时赋给了三个变量,并且所有三个变量被分配到相同的内存单元。第 2 条语句中的值 1 和 2 分配给变量 a 和 b,并且值为"Python"的字符串被分配到变量 c。

3. 变量的三大特性

变量一共有三个特性,具体介绍如下:

①id。就是变量值的内存单元地址,每一个值都有唯一的 id。内存单元地址不同,id 就不相同。可以使用 id( )函数来查看变量的内存单元地址。

②type。不同类型的值记录事物的状态有所不同,这就是 Python 的数据类型。可以使用 type( )函数来查看变量值的数据类型。

③变量值。就是存储值的本身。

例如:

```
>>> age_of_student = 18
>>> print(id(age_of_student))
 1997655862096
>>> print(type(age_of_student))
 <class'int'>
>>> print(age_of_student)
 18
```

4. 常量

常量指的是在程序运行中固定的、不会变化的量,例如,常用的数学常数 PI 就是一个常量,在 Python 中没有专门的语法定义常量,通常用全部大写的标识符来表示常量,如:PI = 3. 141 592 6。

但事实上,PI 仍然是一个变量,Python 没有任何机制保证 PI 不会被修改,所以,用全部大写的标识符表示常量只是一个习惯上的用法,PI 的值仍然可以被修改,但不建议。

2.1.2　变量值的类型

存储在内存中的数据可以是多种类型的,Python 中常见的数据类型如图 2 - 1 所示。

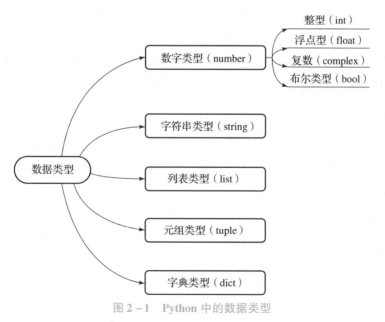

图 2 - 1　Python 中的数据类型

本项目主要介绍数字类型,字符串类型将在项目四中进行介绍,列表、元组和字典类型将在项目五中进行介绍。

2.2 数字类型

1. 整型

整型(int)也称为整数,用来表示程序中的整数,可以是正整数或负整数,不带小数点。Python 3 中的整型是没有限制大小的,可以当作 long 类型使用,但实际上由于机器内存有限,使用的整数是不可能无限大的。

整型有以下四种表现形式:

①二进制:以'0B'或'0b'开头,例如:'0b10101'表示十进制的21。

②八进制:以'0o'或'0O'开头。例如:'0o25'表示十进制的21。

③十进制:默认表示方式,正常显示。

④十六进制:以'0x'或'0X'开头。例如:'0x15'表示十进制的21。

例如:

```
>>> a = 0b10101
>>> type(a)
<class'int'>
>>> a
21
```

2. 浮点型

浮点型(float)用来表示程序中的实数,由整数部分与小数部分组成,只有十进制表示,浮点型也可以使用科学计数法表示。Python 中的科学计数法表示如下:

aEn 或 aen

其中,a 为尾数部分,是一个十进制数;n 为指数部分,是一个十进制整数;E 或 e 是固定的字符,用于分割尾数部分和指数部分。整个表达式等价于 $a \times 10^n$。

例如:

```
>>> a = 3.1415926
>>> type(a)
<class'float'>
>>> a
3.1415926
>>> b = 2.1e5
>>> type(b)
<class'float'>
>>> b
210000.0
```

3. 复数

Python 中的复数类型是一般计算机语言所没有的数据类型,用来表示程序中的复数,由实数部分(real)和虚数部分(imag)构成,复数的虚数部分以 j 或者 J 作为后缀,具体格式为:

```
real + imagj 或 real + imagJ
```

需要注意的是,实数部分(real)和虚数部分(imag)都是浮点型,必须有表示虚数部分的实数和后缀 j 或 J,即使表示虚数部分的实数是 1 或 0 也不能省略,如 0j、1 - 1J 都是复数,而 1 + j 就不是复数。

在 Python 中有两种创建复数的方法:一种是按照复数的一般形式直接创建;一种是通过内置函数 complex() 创建,格式为:complex(real[,imag]),其中,imag 省略的话,虚数部分为 0。

例如:

```
>>> a = 1 -1j
>>> type(a)
<class 'complex'>
>>> a
(1 -1j)
>>> b = complex(2)
>>> type(b)
<class 'complex'>
>>> b
(2 +0j)
```

4. 布尔类型

布尔类型(bool)用来描述条件判断的结果,当条件成立时,结果为真;当条件不成立时,结果为假。Python 中的布尔类型只有两个取值:True 和 False,其中,True 用来表示真,False 用来表示假。需要注意的是,True 和 False 都是 Python 中的关键字,当作为 Python 代码输入时,一定要注意字母的大小写,否则解释器会报错。

值得一提的是,布尔类型可以当作整数来对待,即 True 相当于整数值 1,False 相当于整数值 0,可以和数字型进行运算。因此,下边这些运算都是可以的:

```
>>> False + 1
1
>>> True + 1.2
2.2
```

另外,Python 中的所有标准对象均可用于布尔测试,同类型的对象之间可以比较大小。每个对象天生具有布尔 True 或 False 值,空对象 None、值为零的任何数字的布尔值都是 False,可以使用 bool() 函数检测对象的布尔值。例如:

```
>>> bool(None)
False
>>> bool(0.0)
```

```
False
>>> bool(0 +0j)
False
>>> bool(2)
True
```

2.2.2 数字类型的转换

不同类型的数字类型之间可以进行转换,Python 内置了一系列可以实现强制类型转换的函数,见表 2 - 1。

表 2 - 1 **Python** 中的类型转换函数

函数	描述
int(x)	将 x 转换成整数类型
float(x)	将 x 转换成浮点数类型
str(x)	将 x 转换成字符串类型
complex(real[,imag])	创建一个复数
bin(x)	将一个整数 x 转换为一个二进制字符串
oct(x)	将一个整数 x 转换为一个八进制的字符串
hex(x)	将一个整数 x 转换为一个十六进制字符串

【例 1: Exam2 - 1. py】类型转换函数举例。

```
1    print(int("666"))
2    print(int(6.6))
3    print(float("66.6"))
4    print(float(6))
5    print(bin(21))
6    print(oct(21))
7    print(hex(21))
8    print(int("abc"))
```

运行结果如图 2 - 2 所示。

在使用类型转换函数时,有两点需要注意:

①int() 函数和 float() 函数只能转换符合数字类型格式规范的字符串,否则,在转换时就会产生错误,例如上面程序的第 8 行代码。

②使用 int() 函数将浮点型转换为整型时,会进行取整操作,而非四舍五入,例如上面程序的第 2 行代码。

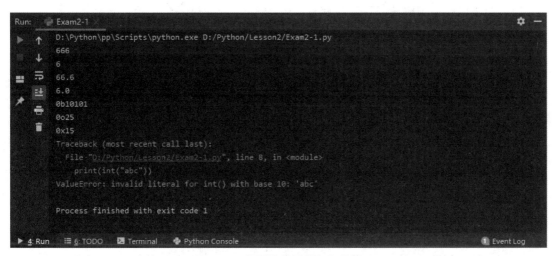

图 2 - 2　类型转换函数运行结果

2.3　运算符和表达式

运算符,顾名思义,就是用于运算的符号,通过运算符可以完成对运算对象的操作,实现程序的处理功能。Python 中的运算符有算术操作符、赋值运算符、比较操作符、逻辑操作符、位运算符、成员运算符等。表达式是将不同类型的数据(包括常量、变量、函数)用运算符号按一定的规则连接起来的式子。运算符和表达式是学习编写 Python 语句的基础,本任务将分别介绍Python 中的各种运算符和表达式的使用方法。

2.3.1　算术运算符和算术表达式

算术运算符用于两个对象进行算术运算,比如加减乘除等。表 2 - 2 列出了 Python 支持所有基本算术运算符。

表 2 - 2　算术运算符

算术运算符	算术表达式	描述
+	a + b	加——两个数相加,或是字符串连接(a 和 b 均为字符串)
-	a - b	减——两个数相减,或是求负运算
*	a * b	乘——两个数相乘,或是返回一个重复若干次的字符串
/	a / b	除——两个数相除,结果为浮点数
//	a // b	整除——两个数相除,结果为向下取整的整数
%	a % b	取模——返回两个数相除的余数,余数的符号和 b 保持一致
**	a ** b	幂——返回乘方结果

为了便于更好地理解算术运算符和算术表达式,下面通过一个实例来演示其操作。

【例 2:Exam2 – 2. py】算术运算符举例。

```
1    a = 10
2    b = 4
3    print("a = ",a,", b = ",b)
4    c = a + b
5    print("a + b = ",c)
6    c = a - b
7    print("a - b = ",c)
8    c = a * b
9    print("a * b = ",c)
10   c = a /b
11   print("a /b = ",c)
12   c = a //b
13   print("a //b = ",c)
14   c = a % b
15   print("a % b = ",c)
16   c = a ** b
17   print("a ** b = ",c)
```

运行结果如图 2 – 3 所示。

图 2 – 3　算术运算符运行结果

2.3.2　赋值运算符和赋值表达式

赋值运算符用于对象的赋值,将运算符右边的值(或运算结果)赋给运算符左边。Python 中最基本的赋值运算符是等号 = ,结合其他运算符, = 还能扩展出更强大的赋值运算符。表 2 – 3 列出了 Python 中的赋值运算符。

表 2 – 3　赋值运算符

赋值运算符	赋值表达式	描述
=	c = a + b	简单的赋值运算符,将 a + b 的运算结果赋值为 c
+=	c += a	加法赋值运算符,等效于 c = c + a

续表

赋值运算符	赋值表达式	描述
–=	c –= a	减法赋值运算符,等效于 c = c – a
*=	c *= a	乘法赋值运算符,等效于 c = c * a
/=	c /= a	除法赋值运算符,等效于 c = c / a
//=	c //= a	取整除赋值运算符,等效于 c = c // a
%=	c %= a	取模赋值运算符,等效于 c = c % a
**=	c **= a	幂赋值运算符,等效于 c = c ** a

为了便于大家更好地理解赋值运算符和赋值表达式,下面通过一个实例来演示其操作。

【例3:Exam2 – 3. py】赋值运算符举例。

```
1    a = 10
2    b = 4
3    print("a =",a,", b =",b)
4    a += b
5    print("a += b =",a)
6    a –= b
7    print("a –= b =",a)
8    a *= b
9    print("a *= b =",a)
10   a /= b
11   print("a /= b =",a)
12   a //= b
13   print("a //= b =",a)
14   a %= b
15   print("a %= b =",a)
16   a **= b
17   print("a ** = b =",a)
```

运行结果如图2 – 4所示。

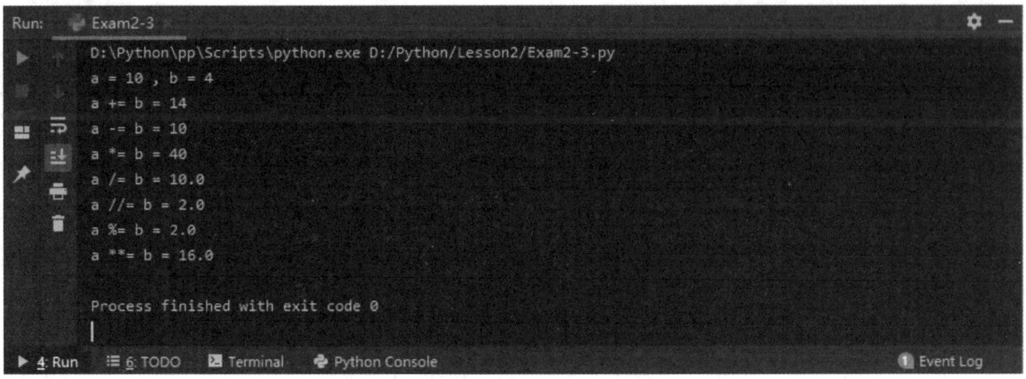

图2 – 4　赋值运算符运行结果

2.3.3 比较运算符和比较表达式

比较运算符也叫关系运算符,用于对常量、变量或表达式的结果进行大小比较,返回的结果只能是 True 或 False。表 2-4 列出了 Python 中的赋值运算符。

表 2-4 比较运算符

比较运算符	比较表达式	描述
==	a == b	等于,如果 a 和 b 的值相等,则返回 True,否则返回 False
!=	a != b	不等于,如果 a 和 b 的值不相等,则返回 True,否则返回 False
>	a > b	大于,如果 a 的值大于 b 的值,则返回 True,否则返回 False
<	a < b	小于,如果 a 的值小于 b 的值,则返回 True,否则返回 False
>=	a >= b	大于等于,如果 a 的值大于等于 b 的值,则返回 True,否则返回 False
<=	a <= b	小于等于,如果 a 的值小于等于 b 的值,则返回 True,否则返回 False
is	a is b	判断两个变量所引用的对象是否相同,如果相同,则返回 True,否则返回 False
is not	a is not b	判断两个变量所引用的对象是否不相同,如果不相同,则返回 True,否则返回 False

为了便于大家更好地理解比较运算符和比较表达式,下面通过一个实例来演示其操作。

【例 4:Exam2-4. py】比较运算符举例。

```
1    a = 10
2    b = 10
3    print("a = ",a,", b = ",b)
4    print("a是否等于b:", a == b)
5    print("a是否不等于b:", a != b)
6    print("a是否大于b:", a > b)
7    print("a是否小于b:", a < b)
8    print("a是否大于等于b:", a >= b)
9    print("a是否小于等于b:", a <= b)
10   print("a和b是否是相同的对象:", a is b)
11   print("a和b是否不是相同的对象:", a is not b)
```

运行结果如图 2-5 所示。

需要注意的是,初学 Python,大家可能对 is 比较陌生,很多人会误将它和 == 的功能混为一谈,但其实 is 与 == 有本质上的区别,完全不是一码事儿。 == 用来比较两个变量的值是否相等,而 is 则用来比对两个变量引用的是否是同一个对象。

图2-5 比较运算符运行结果

【例5：Exam2 –5. py】== 和 is 比较举例。

```
1    import time # 导入 time 模块
2    t1 = time.gmtime() # 获取当前时间
3    t2 = time.gmtime()
4    print(t1 == t2)
5    print(t1 is t2)
```

上述代码中，time 模块的 gmtime() 方法用来获取当前的系统时间，精确到秒级，因为程序运行非常快，所以 t1 和 t2 得到的时间是一样的。== 用来判断 t1 和 t2 的值是否相等，所以返回 True。虽然 t1 和 t2 的值相等，但它们是两个不同的对象（每次调用 gmtime() 都返回不同的对象），所以 t1 is t2 返回 False。这就好像两个双胞胎姐妹，虽然她们的外貌是一样的，但她们是两个人。运行结果如图2-6所示。

```
Run:    Exam2-5
        D:\Python\pp\Scripts\python.exe D:/Python/Lesson2/Exam2-5.py
        True
        False

        Process finished with exit code 0

    4: Run    6: TODO    Terminal    Python Console                    Event Log
```

图2-6 运行结果

那么，如何判断两个对象是否相同呢？答案是判断两个对象的内存地址。如果内存地址相同，说明两个对象使用的是同一块内存，当然就是同一个对象了，这就像两个名字使用了同一个身体，当然就是同一个人了。

2.3.4 逻辑运算符和逻辑表达式

逻辑运算符用于逻辑运算，可以将多个条件按照逻辑进行连接，变成复杂的条件，操作数可以为表达式或对象。表2-5列出了 Python 中的逻辑运算符。

表 2 – 5 逻辑运算符

逻辑运算符	逻辑表达式	描述
and	a and b	与,当 a 和 b 两个表达式都为 True 时,a and b 的结果才为 True,否则为 False
or	a or b	或,当 a 和 b 两个表达式都为 False 时,a or b 的结果才是 False,否则为 True
not	not a	非,如果 a 为 True,那么 not a 的结果为 False;如果 a 为 False,那么 not a 的结果为 True。相当于对 a 取反

为了便于大家更好地理解逻辑运算符和逻辑表达式,下面通过一个实例来演示其操作。

【例 6:Exam2 – 6. py】逻辑运算符举例。

```
1    a = False
2    b = True
3    print("a =",a,", b =",b)
4    print("a and b = ", (a and b))
5    print("a or b = ", (a or b))
6    print("not a = ", (not a))
```

运行结果如图 2 – 7 所示。

图 2 – 7　逻辑运算符运行结果

除此之外,Python 逻辑运算符还可以用来操作任何类型的表达式,不管表达式是不是 bool 类型;同时,逻辑运算的结果也不一定是 bool 类型,它也可以是任意类型。

【例 7:Exam2 – 7. py】比较运算符举例。

```
1    print("10 and 20 = ", (10 and 20))
2    print("10 and 0 = ", (10 and 0))
3    print("\"\" or \"www.python.org\" = ", ("" or "www.python.org"))
4    print("6.6 or \"www.python.org\" = ", (6.6 or "www.python.org"))
```

运行结果如图 2 – 8 所示。

实际上,在 Python 中,and 和 or 不一定会计算右边表达式的值,有时候只计算左边表达式的值就能得到最终结果。另外,and 和 or 运算符会将其中一个表达式的值作为最终结果,而不是将 True 或者 False 作为最终结果。

图 2-8　运行结果

- 对于 and 运算符,Python 按照下面的规则执行 and 运算:

①如果左边表达式的值为假,那么就不用计算右边表达式的值了,因为不管右边表达式的值是什么,都不会影响最终结果,最终结果都是假,此时 and 会把左边表达式的值作为最终结果。

②如果左边表达式的值为真,那么最终值是不能确定的,and 会继续计算右边表达式的值,并将右边表达式的值作为最终结果。

- 对于 or 运算符,Python 按照下面的规则执行 or 运算:

①如果左边表达式的值为真,那么就不用计算右边表达式的值了,因为不管右边表达式的值是什么,都不会影响最终结果,最终结果都是真,此时 or 会把左边表达式的值作为最终结果。

②如果左边表达式的值为假,那么最终值是不能确定的,or 会继续计算右边表达式的值,并将右边表达式的值作为最终结果。

2.3.5　位运算符和位表达式

位运算符用于对 Python 对象进行按照存储的二进制位操作,位运算符只能用来操作整数类型。表 2-6 列出了 Python 中的位运算符。

表 2-6　位运算符

位运算符	位表达式	描述
&	a & b	按位与,两个二进制位都为 1 时,结果才为 1,否则为 0
	a | b	按位或,两个二进制位都为 0 时,结果才为 0,否则为 1
^	a ^ b	按位异或,两个二进制位不同时,结果为 1,相同时结果为 0
~	~ a	按位取反,对二进制位取反,即 1 变为 0,0 变为 1
<<	a << b	按位左移,a 的二进制位全部左移 b 位,高位丢弃,低位补 0
>>	a >> b	按位右移,a 的二进制位全部右移 b 位,低位丢弃,高位补 0 或 1。如果数据的最高位是 0,那么就补 0;如果最高位是 1,那么就补 1

为了便于大家更好地理解位运算符和位表达式,下面通过一个实例来演示其操作。

【例 8:Exam2 - 8. py】位运算符举例。

```
1    a = 10
2    b = 2
3    print("a =", a, ", b =", b)
4    print("a & b =", (a & b))
5    print("a | b =", (a | b))
6    print("a ^ b =", (a ^ b))
7    print("~ a =", (~ a))
8    print("a << b =", (a << b))
9    print("a >> b =", (a >> b))
```

上述代码中,对变量 a 和 b 分别进行位运算,需要先把 a 和 b 分别表示成二进制形式再进行位运算。运行结果如图 2 - 9 所示。

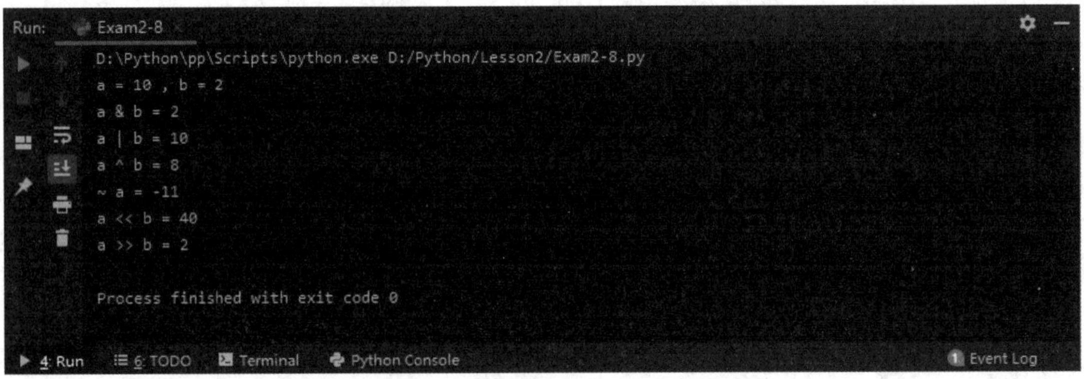

图 2 - 9 位运算符运行结果

2.3.6 运算符优先级和结合性

所谓优先级,就是当多个运算符同时出现在一个表达式中时,先执行哪个运算符,Python 为每种运算符都设定了优先级,有的运算符优先级相同,有的运算符优先级不同。程序运行时,会按优先级从高到低进行运算,优先级相同的运算符按结合性进行运算。所谓结合性,就是当一个表达式中出现多个优先级相同的运算符时,先执行哪个运算符:先执行左边的叫左结合性,先执行右边的叫右结合性。

表 2 - 7 列出了所有运算符的优先级(从最高到最低)和结合性。

表 2 - 7 运算符优先级和结合性

运算符	描述	分类	结合性
**	指数(最高优先级)	算术运算符	右
~	按位取反	位运算符	右
* 、/、% 、//	乘、除、取模和取整除	算术运算符	左

续表

运算符	描述	分类	结合性
+、-	加、减	算术运算符	左
>>、<<	右移、左移	位运算符	左
&	按位与	位运算符	右
^	按位异或、按位或	位运算符	左
>、>=、<、<=	大于、大于等于、小于、小于等于	比较运算符	左
==、!=	等于、不等于	比较运算符	左
=、%=、/=、//=、-=、+=、*=、**=	基本赋值和复合赋值	赋值运算符	左
is is not	是不是同一个对象	比较运算符	左
not	非	逻辑运算符	右
and or	与、或	逻辑运算符	左

进行程序设计时,不需要一味强调优先级,因为可以使用圆括号"( )"来强制改变表达式的执行顺序。利用这个特点,通过加入圆括号的方法可以提供弱优先级的优先执行,加了圆括号,无须猜测和核对哪个优先级更高,使程序和表达式更加易读。例如,对于表达式"10 + 5 * 8",若想让加法先执行,可写为"(10 + 5) * 8"。此外,若有多层圆括号,则最内层圆括号中的表达式先执行。

2.4 格式化输出数据

在项目一中讲到过 print( ) 函数的用法,这只是最简单、最初级的形式,print( ) 还有很多高级的用法,比如格式化输出,这就是本任务要讲解的内容。

print( ) 函数使用以%开头的格式化字符对各种类型的数据进行格式化输出,不同类型的数据需要使用不同的格式化字符,具体见表 2 - 8。

表 2 - 8   常见的格式化字符

格式化字符	描述	格式化字符	描述
%c	格式化字符及其 ASCII 码	%x	有符号十六进制整数
%s	格式化字符串	%f	十进制浮点数
%d	有符号十进制整数	%e	科学计数法表示的浮点数
%o	有符号八进制整数		

格式化字符只是一个占位符,它会被后面表达式(变量、常量、数字、字符串、加减乘除等各种形式)的值代替。占位符还可以控制输出的格式,例如对齐方式、保留几位小数等,具体见表2 – 9。

表 2 – 9   格式化字符辅助指令

符号	描述	符号	描述
+	输出的数字带着符号	%	输出一个单一的%
–	指定左对齐	[m[.n]]	m 表示最小宽度,n 表示输出精度
0	宽度不足时补充 0,而不是补充空格		

【例9:Exam2 – 9. py】格式化输出举例。

```
1    n = 1234567
2    print("% 10d" % n)
3    print("% 010d" % n)
4    print("% 5d" % n)
5    f = 3.1415926
6    print("% -11.3f" % f)
7    print("% -0.11f" % f)
8    print("% +011.3f" % f)
9    url = "http://www.python.org"
10   print("% 32s" % url)
11   print("% 10s" % url)
```

上述代码中,分别对整数、浮点数和字符串进行了格式化输出,运行结果如图2 – 10 所示。

图 2 – 10   格式化输出运行结果

当然,格式化输出中也可以包含多个格式化字符,这个时候也得提供多个表达式,用于替换对应的格式化字符,有几个占位符,后面就得跟着几个表达式,多个表达式必须使用圆括号( )包围起来。例如:

```
>>> name = "Guido"
>>> url = "www.python.org"
>>> print("Python 的发明人是% s,官方网址是% s。" % (name,url))
Python 的发明人是 Guido,官方网址是 www.python.org。
```

三、项目实现

本项目要求编写一个 Python 程序来计算三角形的面积,这里利用的是海伦公式,首先从键盘输入三角形的三条边的边长,然后利用公式计算并输出三角形的面积,具体代码如下:

```
1    a = float(input('输入第一条边的长度:'))
2    b = float(input('输入第二条边的长度:'))
3    c = float(input('输入第三条边的长度:'))
4    if a + b > c and a + c > b and b + c > a:
5        p = (a + b + c)/2
6        s = (p*(p-a)*(p-b)*(p-c))**0.5
7        print('边长为%5.2f、%5.2f 和%5.2f 的三角形面积为:%5.2f'% (a, b, c, s))
8    else:
9        print('三角形不成立')
```

运行结果如图 2 - 11 所示。

图 2 - 11　项目运行结果

四、项目总结

本项目主要介绍了 Python 中的变量、数字类型及其类型转换、运算符和表达式、格式化输出数据等知识,这些知识都是最基础的,也比较容易理解。通过本项目的学习,希望大家能够掌握 Python 中基本数字类型的常见运算,多动手写代码进行练习,为后面的深入学习打好扎实的基础。

五、项目拓展

1. 编写程序,交换两个整型变量的值(至少写出 3 种方法)。

2. 编写程序,提取三位正整数的各位数码。

3. 编写程序,输入直角三角形的两个直角边的长度 a、b,求斜边 c 的长度。

4. 编写程序,将十进制整数转换为其他进制输出。

六、课后习题

1. 单选题

(1)下列选项中,( )的布尔值不是 False。

A. None   B. 0   C. ( )   D. 1

(2)下列选项中,Python 不支持的数据类型有( )。

A. int   B. char   C. float   D. dictionary

(3)假设 a = 9, b = 2, 那么下列运算中,错误的是( )。

A. a + b 的值是 11   B. a//b 的值是 4

C. a % b 的值是 1   D. a ** b 的值是 18

(4)下列表达式中,返回 True 的是( )。

A. a = 2

   b = 2

   a = b

B. 3 > 2 > 1

C. True and False

D. 2 ! = 2

(5)下列语句中,( )在 Python 中是非法的。

A. x = y = z = 1   B. x = (y = z + 1)

C. x, y = y, x   D. x += y

(6)下列选项中,幂运算的符号为( )。

A. *   B. ++   C. %   D. **

(7)以下代码的输出结果是( )。

```
x = 2 + 9 * ((3 * 12) - 8) //10
print(x)
```

A. 26   B. 27.2   C. 28.2   D. 27

(8)以下代码的输出结果是( )。

```
print( 0.1 + 0.2 == 0.3 )
```

A. True   B. False   C. −1   D. 0

(9)表达式 3 * 4 * * 2//8 % 7 的计算结果是( )。

A. 3   B. 6   C. 4   D. 5

(10)当字符串中包含双引号或单引号等特殊字符时,可以使用( )对它们进行转义。

A. \   B. /   C. #   D. %

(11)下列关于 Python 中的复数,说法错误的是( )。

A. 表示复数的语法是 real + imagJ

B. 实数部分和虚数部分都是浮点数

C. 虚部必须有大写的后缀 J

D. 一个复数必须有表示虚数部分的实数和 J

2. 判断题

（1）Python 中的整数可以使用二进制、八进制、十进制、十六进制表示。　　　　　　（　　）

（2）Python 中使用 complex( ) 可以创建一个复数。　　　　　　（　　）

（3）1 + J 表示的是一个复数。　　　　　　（　　）

（4）Python 中逻辑运算符的运算结果只能是布尔类型。　　　　　　（　　）

3. 填空题

（1）布尔类型的值有＿＿＿＿＿＿＿＿＿＿和＿＿＿＿＿＿＿＿＿。

（2）若 a = 1,b = 2,那么(a or b)的值为＿＿＿＿＿＿＿＿＿。

（3）若 a = 10,b = 20,那么(a and b)结果为＿＿＿＿＿＿＿＿＿。

（4）如果想测试变量的类型,可以使用＿＿＿＿＿＿＿＿＿来实现。

（5）0.0314E7 表示的是＿＿＿＿＿＿＿＿＿。

（6）浮点型用来表示程序中用到的实数,浮点型数据只有十进制表示,也可以使用＿＿＿＿＿＿＿＿＿＿形式表示。

（7）若 a = 3,b = 4,那么 a ^ b ^ a 的结果为＿＿＿＿＿＿＿。

（8）若 a = 9,那么 a << 4 的结果为＿＿＿＿＿＿＿。

项目三

打怪兽游戏

一、项目分析

(一)项目描述

相信很多玩家都玩过奥特曼打怪兽游戏,现要求编写第一个 Python 程序,模拟打怪兽游戏。假设有怪兽(monster)和英雄(hero)两个角色,二者为敌对状态。两个角色初始血量为20,攻击力的伤害服从当前攻击力正负 2 的随机分布,二者相互攻击,判断谁获胜。

(二)项目目标

1. 掌握 Python 中的选择结构语句的使用。
2. 掌握 Python 中的选择嵌套。
3. 掌握 Python 中的循环结构语句的使用。
4. 掌握 Python 中的循环嵌套。
5. 掌握 Python 中的循环控制语句的使用。

(三)项目重点

1. Python 中的选择结构语句。
2. Python 中的循环结构语句。
3. Python 中的循环嵌套。

二、项目知识

任何一门编程语言,重要的组成部分都是数据结构和程序语句,这是学习编程语言的基础。同时,编程语言在程序执行过程中都有最基本的三种结构:顺序结构、选择结构和循环结构。Python 语言同样也具有这三种结构,本项目主要介绍 Python 中的控制语句,来实现这三种基本结构。控制语句根据条件表达式的结果来控制程序的执行顺序,使程序产生跳转、重复执行等现象,控制语句包括条件语句和循环语句。

3.1 认识结构化程序设计

结构化程序设计(Structured Programing,SP)思想是最早由 E. W. Dijikstra 在 1965 年提出的,是以模块化设计为中心,将待开发的软件系统划分为若干个相互独立的模块,这样使完成每一个模块的工作变得单纯而明确,为设计一些较大的软件打下了良好的基础。

由于模块相互独立,因此,在设计其中一个模块时,不会受到其他模块的牵连,因而可将原来较为复杂的问题化简为一系列简单模块的设计。模块的独立性还为扩充已有的系统、建立新系统带来了不少的方便,因为可以充分利用现有的模块作积木式的扩展。

结构化程序设计的基本思想是采用"自顶向下,逐步求精"的程序设计方法和"单入口单出口"的控制结构。自顶向下,逐步求精的程序设计方法从问题本身开始,经过逐步细化,将解决问题的步骤分解为由基本程序结构模块组成的结构化程序框图;"单入口单出口"的思想认为一个复杂的程序,如果它仅是由顺序、选择和循环三种基本程序结构通过组合、嵌套构成,那么这个新构造的程序一定是一个单入口单出口的程序。

按照结构化程序设计的观点,任何算法功能都可以通过由程序模块组成的三种基本程序结构——顺序结构、选择结构和循环结构的组合来实现。顺序结构是最简单、最基本的流程控制,按照代码的先后顺序依次执行。其流程图如图 3 - 1 所示。

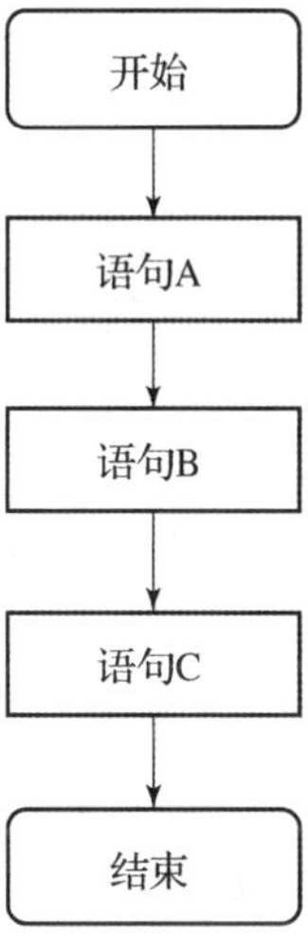

【例1: Exam3 - 1. py】顺序结构举例。

```
1    print("开始")
2    print("语句 A")
3    print("语句 B")
4    print("语句 C")
5    print("结束")
```

图 3 - 1 顺序结构

上述程序会按照代码的先后顺序依次执行,运行结果如图 3 - 2 所示。

图 3 - 2 顺序结构运行结果

下面主要对选择结构和循环结构进行详细介绍。

3.2 使用选择结构

选择结构语句是指根据条件表达式的不同计算结果,使程序执行不同的代码块。Python程序开发中经常会用到条件判断,例如,用户登录时,需要判断用户输入的用户名、密码和验证码是否全部正确,进而决定用户是否可以成功登录。类似这种情况,就需要使用选择结构语句来实现。

Python 中的选择结构语句有以下三种：

①if 语句：单分支选择语句，它选择的是做与不做。

②if…else 语句：双分支选择语句，它选择的不是做与不做的问题，而是在两种备选行动中选择哪一个的问题。

③if…elif…else 语句：多分支选择语句，该语句可以对多个条件表达式进行判断，并在某个条件表达式的值为 True 的情况下选择执行相应的代码。

下面分别进行介绍。

3.2.1　if 语句

if 语句是最简单的选择结构语句，它用于检测某个条件是否成立，从而判断是否执行相应的代码块。

1. 语法格式

```
if 条件表达式:
    代码块
```

上述格式中，可以看出 if 语句由三部分组成，分别是 if 关键字、条件表达式和代码块。其中，条件表达式通常是关系表达式或逻辑表达式，条件表达式后面的冒号必须写；代码块可以有一条语句，也可以有多条语句，代码块必须缩进，代码块中的每条语句必须缩进相同的空格数。

2. 执行过程

先计算条件表达式的值，当条件表达式的值为 True 时，则执行代码块；否则，跳过 if 语句，执行后续代码块。if 语句的执行流程如图 3 - 3 所示。

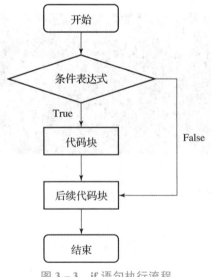

图 3 - 3　if 语句执行流程

3. 示例

【例 2：Exam3 - 2. py】使用 if 语句判断输入的用户名和密码是否正确，默认用户名为 admin，密码为 123。

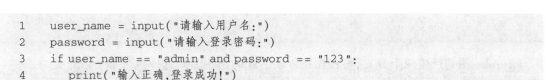

```
1    user_name = input("请输入用户名:")
2    password = input("请输入登录密码:")
3    if user_name == "admin" and password == "123":
4        print("输入正确,登录成功!")
```

上述代码首先从控制台接收用户输入的用户名和密码,分别赋值给 user_name 和 password,然后使用 if 语句判断条件表达式 user_name == "admin" and password == "123" 的值是否为 True,如果为 True,则输出"输入正确,登录成功!"。

运行结果如图 3 – 4 所示。

图 3 – 4　用户登录运行结果

【例 3:Exam3 – 3. py】求输入的三个整数的最大值。

```
1    number1 = int(input("请输入第 1 个整数:"))
2    number2 = int(input("请输入第 2 个整数:"))
3    number3 = int(input("请输入第 3 个整数:"))
4    max = number1
5    if number2 > max:
6        max = number2
7    if number3 > max:
8        max = number3
9    print("三个整数的最大值为:",max)
```

上述代码首先从控制台接收用户输入的三个整数,分别赋值给 number1、number2 和 number3,然后认定 number1 是最大的,由 max 指向,再使用 if 语句依次判断 number2、number3 与 max 的大小关系,如果大于 max,则将其赋值给 max,比较完成后,max 保存的就是三个数中的最大值。

运行结果如图 3 – 5 所示。

图 3 – 5　求最大值运行结果

3.2.2 if…else 语句

if…else 语句产生两个分支,可根据条件表达式的判断结果选择执行哪一条分支。

1. 语法格式

```
if 条件表达式:
    代码块 1
else:
    代码块 2
```

上述格式中,if 和 else 是关键字,else 必须与 if 缩进相同的空格数,条件表达式和 else 后面的冒号必须写;else 必须与 if 配对使用,不能单独使用;代码块 1 和代码块 2 必须缩进,并且缩进相同的空格数;其他与 if 语句相同。

2. 执行过程

先计算条件表达式的值,当条件表达式的值为 True 时,则执行代码块 1;否则,执行代码块 2。然后接着执行后续代码块。if…else 语句的执行流程如图 3-6 所示。

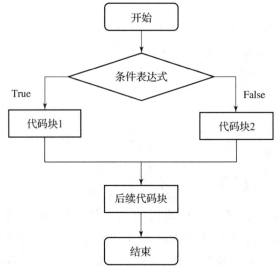

图 3-6   if…else 语句执行流程

3. 示例

【例 4:Exam3-4. py】使用 if…else 语句判断输入的整数是奇数还是偶数。

```
1    number = int(input("请输入一个整数:"))
2    if number % 2 == 0:
3        print("%d是一个偶数" % number)
4    else:
5        print("%d是一个奇数" % number)
```

上述代码首先从控制台接收用户输入的一个整数,将其赋值给 number,然后使用 if…else 语句判断条件表达式"number % 2 == 0"的值是否为 True,如果为 True,则输出"是一个偶数",否则输出"是一个奇数"。

运行结果如图 3－7 所示。

图 3－7 奇数偶数运行结果

【**例 5：Exam3－5. py**】使用 if…else 语句判断输入的年份是否是闰年。判断任意年份是否为闰年,需要满足以下条件中的任意一个:

①该年份能被 4 整除同时不能被 100 整除;

②该年份能被 400 整除。

```
1    year = int(input("请输入一个年份:"))
2    if year % 4 == 0 and year % 100 != 0 or year % 400 == 0:
3        print("% d 年是闰年" % year)
4    else:
5        print("% d 年不是闰年" % year)
```

上述代码首先从控制台接收用户输入的一个年份,将其赋值给 year,然后使用 if…else 语句判断条件表达式"year % 4 == 0 and year % 100 != 0 or year % 400 == 0"的值是否为 True,如果为 True,则输出"是闰年",否则输出"不是闰年"。

运行结果如图 3－8 所示。

图 3－8 闰年运行结果

3.2.3 if…elif…else 语句

通过上面的介绍,可以发现无论是 if 语句还是 if…else 语句,只能对一个条件表达式的值进行判断。如果需要判断的条件表达式是多个,就需要用到 if…elif…else 语句。

1. 语法格式

```
if 条件表达式1:
    代码块1
elif 条件表达式2:
```

```
    代码块2
...
elif 条件表达式 n:
    代码块 n
[else:
    代码块 n+1]
```

上述格式中,if、elif 和 else 是关键字,elif、else 必须与 if 缩进相同的空格数;elif 必须与 if 配对使用;方括号的内容表示是可选的;其他与 if 语句和 if…else 语句相同。

2. 执行过程

先计算条件表达式 1 的值,当条件表达式 1 的值为 True 时,则执行代码块 1;否则,计算条件表达式 2 的值,当条件表达式 2 的值为 True 时,则执行代码块 2……如果前面 n 个条件表达式的值均为 False,执行代码块 n+1。然后接着执行后续代码块。if…elif…else 语句的执行流程如图 3-9 所示。

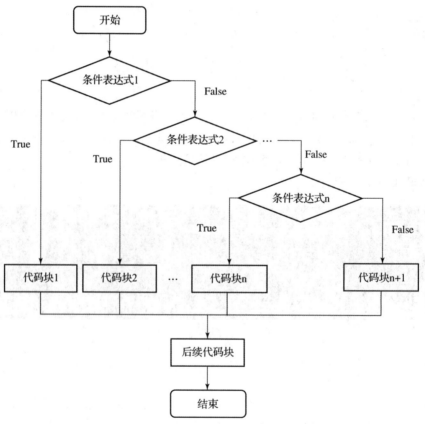

图 3-9 if…elif…else 语句执行流程

3. 示例

【例 6:Exam3-6. py】使用 if…elif…else 语句判断输入的百分制成绩的等级。成绩等级为 A、B、C、D 和 E,其中,90 分以上为 A,80~89 分为 B,70~79 分为 C,60~69 分为 D,60 分以下为 E。

```
1    score = int(input("请输入一个百分制成绩:"))
2    if score > 100 or score < 0:
3        print("成绩输入错误")
4    elif score >=90:
5        print("%d 的成绩等级为 A"  %score)
6    elif score >=80:
7        print("%d 的成绩等级为 B"  %score)
8    elif score >=70:
9        print("%d 的成绩等级为 C"  %score)
10   elif score >=60:
11       print("%d 的成绩等级为 D"  %score)
12   else:
13       print("%d 的成绩等级为 E"  %score)
```

上述代码首先从控制台接收用户输入的一个百分制成绩,将其赋值给 score,然后使用 if…elif…else 语句进行多条件判断。由于成绩有 5 个等级,另外,当用户输入的成绩超过 0~100 时,显示"成绩输入错误",因此,总共有 6 种情况。从第 2 行到第 13 行语句依次对这 6 种情况进行判断,当满足相应的条件时,分别执行对应的代码块。

运行结果如图 3 – 10 所示。

图 3 – 10 成绩等级判定运行结果

【例 7：Exam3 – 7. py】使用 if…elif…else 语句判断输入的月份对应的季节。一般 3~5 月为春季,6~8 月为夏季,9~11 月为秋季,12 月至次年 2 月为冬季。

```
1    month = int(input("请输入一个月份:"))
2    if month in (3,4,5):
3        print("%d 月对应的是春季" %month)
4    elif month in (6,7,8):
5        print("%d 月对应的是夏季" %month)
6    elif month in (9,10,11):
7        print("%d 月对应的是秋季" %month)
8    elif month in (12,1,2):
9        print("%d 月对应的是冬季" %month)
10    else:
11       print("%d 月没有对应的季节" %month)
```

上述代码首先从控制台接收用户输入的一个月份,将其赋值为 month,然后使用 if…elif…else 语句判断 month 的取值范围,根据不同的条件输出对应的季节。

运行结果如图 3 – 11 所示。

图 3 – 11　判断季节运行结果

3.2.4　选择结构语句的嵌套

当我们乘坐高铁时,受疫情影响,必须要先测温,只有温度正常,才允许验票乘车。验票通过的乘客还需要再进行安检,只有安检通过了,才可以进入候车室等候乘车。这里乘客的进站流程可以表示为:测温→验票→安检→进站。在这个过程中,后面的判断是在前面的判断成立的基础上进行的,针对这种情况,可以使用 if 语句的嵌套来实现。

1. 语法格式

if 语句的嵌套是指 if 语句内部包含 if 语句,其格式如下:

```
if 条件表达式1:
    代码块1
    if 条件表达式2:
        代码块2
```

上述 if 语句嵌套的格式中,先判断外层 if 语句条件表达式 1 的值是否为 True,如果为 True,则执行代码块 1,再判断内层 if 语句条件表达式 2 的值是否为 True,如果为 True,则执行代码块 2。其中,外层和内层的 if 判断都可以使用 if 语句、if…else 语句和 if…elif…else 语句,并且 if 语句可以多层嵌套。

2. 示例

【例 8:Exam3 – 8. py】使用 if 语句嵌套模拟乘客乘车进站流程。

```
1    temperature = 36.6
2    ticket = 1 #1 代表有车票,0 代表没有车票
3    safe = "Y" # Y 或 y 代表安全,N 或 n 代表危险
4    if temperature < 37.3:
5        print("体温正常,请进行验票")
6        if ticket == 1:
7            print("验票通过,请进行安检")
8            if safe == "y" or safe == "Y":
9                print("通过安检,请进站候车")
10           else:
11               print("携带危险物品,等待警察处理")
12       else:
13           print("请先买票!")
14   else:
15       print("体温异常!")
```

上述代码分别对体温、是否有车票和是否安全 3 个条件进行判断,嵌套了 3 层 if 语句,前一个条件成立时,再对后面的条件进行判断。

运行结果如图 3－12 所示。

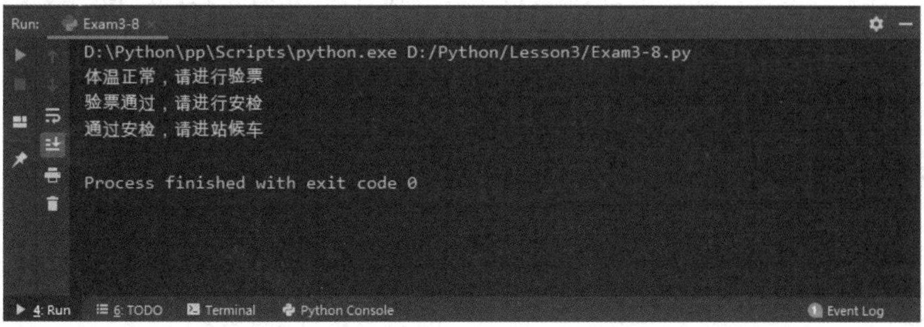

图 3－12 乘客乘车进站运行结果

【例 9：Exam3－9. py】使用 if 语句嵌套判断是否为酒后驾车。现在规定,驾驶员的血液酒精含量小于 20 mg/100 mL 不构成酒驾;酒精含量大于或等于 20 mg/100 mL 为酒驾;酒精含量大于或等于 80 mg/100 mL 为醉驾。

```
1    proof = int(input("请输入驾驶员每 100ml 血液酒精的含量:"))
2    if proof < 20:
3        print("酒精含量正常,请小心驾驶!")
4    else:
5        if proof < 80:
6            print("酒精含量异常,您已构成酒驾,请接受处理!")
7        else:
8            print("酒精含量异常,您已构成醉驾,请接受处理!")
```

上述代码使用了两个 if…else 语句嵌套来实现判断是否为酒后驾车,内层的 if…else 语句嵌套在 else 子句中。

运行结果如图 3－13 所示。

图 3－13 检测酒驾运行结果

3.3 使用循环结构

上面学习的判断结构语句可以根据条件表达式的成立与否来实现程序的跳转,但是程序中的代码块最多只能执行一次。程序中,有很多情况下某些代码块需要重复执行,这时可以使用循环结构语句来实现。Python 提供了两种循环语句,分别是 while 循环和 for 循环,接下来将针对这两种循环结构语句进行详细讲解。

3.3.1 while 语句

while 循环是一个条件循环语句,当条件表达式成立时,重复执行代码块,直到条件表达式不成立为止。

1. 语法格式

```
while 条件表达式:
    代码块
```

上述格式中,while 是关键字,条件表达式用来进行条件判断,可以是任何表达式,任何非零或非空(null)的值均为 True,条件表达式后面的冒号必须写;代码块称为循环体,循环体可以有一条语句,也可以有多条语句,此时循环体中的每条语句必须缩进相同的空格数,否则,Python 解释器会报 SyntaxError 错误(语法错误)。

需要注意的是,循环体中一般应有保证循环条件变成假的语句,否则这个循环将成为一个死循环。所谓死循环,指的是无法结束循环的循环结构,例如下面的代码就是一个死循环。

```
1    i = 1
2    while i:
3        print(i)
```

这段代码中,循环条件 i 的值一直都是 1,所以循环条件一直为 True,循环也就一直执行,永远不会结束。

2. 执行过程

先计算条件表达式的值,当条件表达式的值为 True 时,则执行代码块,然后再重新计算条件表达式的值是否为 True,若仍为 True,则再次执行代码块……如此循环,直到条件表达式的值为 False 时,才终止循环,执行后续代码块。

while 语句的执行流程如图 3 – 14 所示。

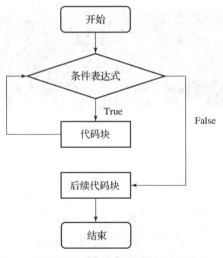

图 3 – 14 **while** 语句执行流程

3. 示例

【例 10：Exam3 – 10. py】使用 while 语句求 1～100 之间数字的和。

```
1    i = 1
2    sum = 0
3    while i <= 100:
4        sum += i
5        i += 1
6    print('1～100之间的数字之和为:%d'%sum)
```

上述代码中,变量 i 表示要进行运算的加数,变量 sum 用于存放求和的结果。变量 i 的初值为 1,进入 while 循环,首先判断条件表达式 i <= 100,判断结果为 True,执行循环体语句,将 1 加 sum 并赋值给 sum,并将 i 值加 1,i 值变为 2,继续下一次循环,判断条件表达式 i <= 100 的值仍为 True,将 2 加 sum 并赋值给 sum,并将 i 值加 1,然后再进行下一次循环,依次进行,直到 i = 101,条件表达式 i <= 100 的值为 False,结束循环。最后在循环外部输出计算结果 sum 的值。

运行结果如图 3 – 15 所示。

图 3 – 15　求 1～100 之间数字的和的运行结果

在上面的程序中,实现的是累加的功能,程序中用到的变量 sum 称为累加器,初始值为 0,使用语句 sum += i 进行累加运算。如果需要进行累乘运算,同样可以使用一个变量来作为累乘器,初始值为 1。如果用 result 表示累乘器,j 表示乘数,则累乘的操作为 result * = j,循环结束后,result 中存放的值就是所求的结果。

【例 11：Exam3 – 11. py】使用 while 语句实现用户登录管理。默认用户名为 admin,密码为 123,如果输入正确,显示"登录成功",否则重新输入,总共有 3 次机会。

```
1    count = 1
2    while count <= 3:
3        name = input("请输入用户名:")
4        password = input("请输入密码:")
5        if name == "admin" and password == "123":
6            print("登录成功")
7            break
8        else:
9            print("登录失败")
10           print("您还有%d次机会" % (3 - count))
11           count += 1
12   else:
13       print("登录次数超过3次,请稍后登录")
```

上述代码中,定义了一个用来统计登录次数的变量 count,初始值为 1,因为总共有 3 次机会,所以循环条件为 count <= 3。进入循环后,接收并判断用户输入的用户名和密码是否正确,如果输入正确,显示"登录成功",跳出循环;否则,显示"登录失败",计数器 count 加 1,重新输入用户名和密码。如果 3 次输入错误,则显示"登录次数超过 3 次,请稍后登录"。

运行结果如图 3 - 16 所示。

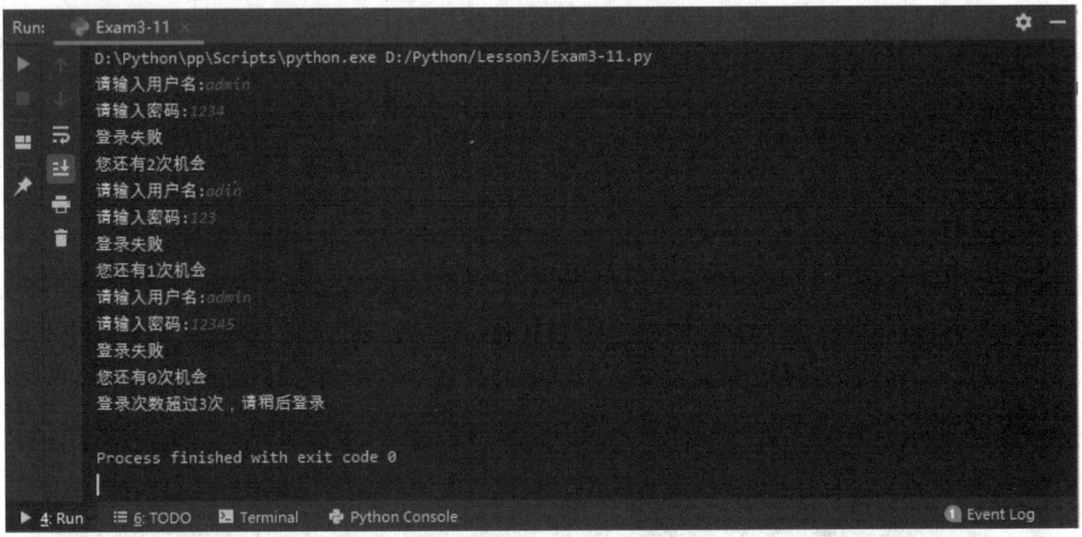

图 3 - 16 用户登录运行结果

例 11 程序的第 7 行代码,这里的 break 语句用于结束整个循环,接着执行后续代码块;第 12 行代码的 else 子句是和 while 语句配对使用的,else 子句后面的冒号必须写,它只在循环正常结束后执行,也就是说,break 语句也会跳过 else 代码块。

3.3.2 for 语句

1. 基本 for 循环语句

Python 的 for 循环可以遍历任何序列的项目,如一个列表或者一个字符串。

(1)语法格式

```
for 变量 in 序列:
    代码块
```

上述格式中,for 和 in 是关键字,变量用于遍历序列,in 用来指明在哪儿遍历,无成员运算符的含义,遍历序列可以是字符串、列表、元组、集合等,后面的冒号必须写。

(2)执行过程

先判断遍历序列中是否有未遍历的元素,若有,将遍历序列中第 1 个未遍历元素的值赋给循环变量,然后再判断遍历序列中是否有未遍历的元素,若仍有,则再次执行代码块……如此循环,直到没有未遍历的元素,才终止循环,执行后续代码块。

for 语句的执行流程如图 3 - 17 所示。

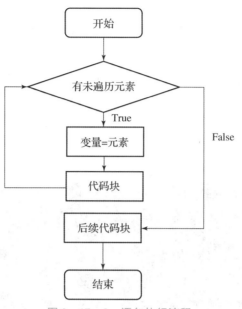

图 3 – 17 for 语句执行流程

（3）示例

【例 12：Exam3 – 12. py】使用 for 语句遍历序列。

```
1    for letter in "Python": # 遍历字符串
2        print ("当前字母 :", letter)
3    fruits = ["banana","apple","mango"]
4    for fruit in fruits: # 遍历列表
5        print ("当前水果 :", fruit)
6    print ("Good bye!")
```

上述代码中,分别定义了两个循环变量 letter 和 fruit 用来遍历字符串"Python"和列表 fruits。运行结果如图 3 – 18 所示。

图 3 – 18 for 语句遍历序列运行结果

2. 通过序列索引迭代

for 循环还有另外一种执行循环的方式,这种方式是通过索引进行的。

【例 13:**Exam3 – 13. py**】通过序列索引遍历。

```
1    fruits = ["banana","apple","mango"]
2    for index in range(len(fruits)):
3        print ("当前水果 :", fruits[index])
4    print ("Good bye!")
```

运行结果如图 3 – 19 所示。

```
Run:    Exam3-13                                                                    ✿  —
 ▶      D:\Python\pp\Scripts\python.exe D:/Python/Lesson3/Exam3-13.py
        当前水果 : banana
 ■  ⇥   当前水果 : apple
        当前水果 : mango
 ▦  ⤓   Good bye!
 📌
 🖨     Process finished with exit code 0
 🗑
 ▶ 4: Run    ≣ 6: TODO    ⊒ Terminal    ✦ Python Console                    ① Event Log
```

图 3 – 19   通过序列索引遍历运行结果

以上示例使用了内置函数 len( )和 range( ),其中,函数 len( )用于返回列表的长度,即元素的个数,函数 range( )用于返回一个数字序列。函数 range( )的常用格式为:range([start,] stop[,step]),其中,start 代表计数开始,默认为 0;stop 代表计数结束,但不包括 stop;step 代表步长,默认为 1。例如:range(5)等价于 range(0,5),也等价于 range(0,5,1),生成的数字序列是[0,1,2,3,4]。

3. for 循环中使用 else 语句

在 Python 中,for … else 表示这样的意思:for 中的语句和普通的没有区别,else 中的语句会在循环正常执行完(即 for 不是通过 break 跳出而中断的)的情况下执行,和 while … else 一样。

【例 14:**Exam3 – 14. py**】判断输入的一个整数是不是素数。

素数(又称质数),是指在大于 1 的自然数中,除了 1 和它本身外,不能被其他自然数整除(除 0 以外)的数。判断一个数是否为素数,只需要用输入的自然数 N 除以 2~N – 1 之间的自然数,如果都不能被整除(即遍历一遍,取余都不为 0),则输入的自然数 N 为素数。

```
1    number = int(input("请输入一个大于1的自然数:"))
2    for i in range(2,number):
3        if number % i == 0:
4            print(number, "不是一个素数")
5            break
6    else:
7        print (number, "是一个素数")
```

运行结果如图 3 – 20 所示。

图 3 - 20   判断素数运行结果

3.3.3 循环结构语句的嵌套

在一个循环结构的循环体内又包含另一个完整的循环结构,称为循环的嵌套。当两个(甚至多个)循环结构相互嵌套时,位于外层的循环结构常简称为外层循环或外循环,位于内层的循环结构常简称为内层循环或内循环。外循环体中可以包含一个或多个循环结构,但必须完整包含,不能出现交叉现象。因此,内层循环应相对于外层循环整体缩进。

循环嵌套在执行过程中,外循环执行一次,内循环执行一遍。while 和 for 循环可以互相嵌套,自由组合,常用的有 while 循环中嵌套 while 循环和 for 循环中嵌套 for 循环。下面分别进行讲解。

1. 格式

格式一:while 循环嵌套

```
while 条件表达式1:
    代码块1
    while 条件表达式2:
        代码块2
```

格式二:for 循环嵌套

```
for 变量1 in 序列1:
    代码块1
    for 变量2 in 序列2:
        代码块2
```

2. 执行过程

①当外层循环条件为 True 时,则执行外层循环(属于外循环的语句)。

②外层循环体中包含了普通程序和内循环,当内层循环的循环条件为 True 时,则执行内循环,直到内循环条件为 False,跳出内循环。

③如果此时外层循环的条件仍为 True,则返回第②步,继续执行外层循环体,直到外层循环的循环条件为 False。

④当内层循环的循环条件为 False,且外层循环的循环条件也为 False,则整个嵌套循环才算执行完毕。

循环嵌套的执行流程如图 3 - 21 所示。

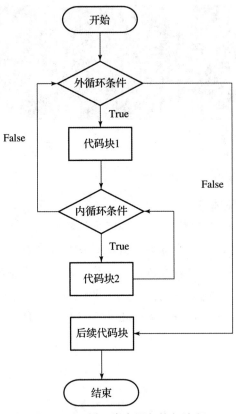

图 3 – 21　循环嵌套语句执行流程

3. 示例

【例 15：Exam3 – 15. py】使用循环语句嵌套打印如下用 * 组成的三角形。

```
*
**
***
****
*****
```

由上述图形可以看出,这个三角形的规律是,第 1 行打印一个符号 * ,第 2 行打印两个符号 * ,依此类推,每行打印的符号 * 的个数和行号是相同的。这里可以使用循环嵌套来实现,使用外层循环控制行,内层循环控制每行要打印的符号个数。

使用 while 循环嵌套编写的程序代码如下:

```
1    i = 1
2    while i <= 5:
3        j = 1
4        while j <= i:
5            print("*",end ='')
6            j += 1
7        print()
8        i += 1
```

上述代码中,定义了一个外循环变量i,用来控制行数;定义了一个内循环变量j,用来控制列数,也就是每行要打印的符号 * 的个数。外层循环每执行一次,内层循环打印完该行所有的符号 * ,然后换行。当外层循环和内层循环都执行完以后,循环嵌套结束,三角形也打印完成。运行结果如图3－22所示。

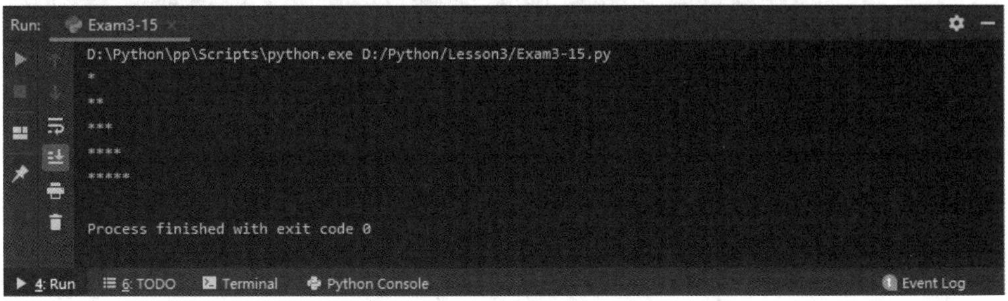

图3－22　打印三角形运行结果

上面的三角形同样也可以使用for循环嵌套来实现,大家自己来完成。

【例16：Exam3－16. py】使用循环语句嵌套打印如下九九乘法表。

```
1 * 1 = 1
1 * 2 = 2   2 * 2 = 4
1 * 3 = 3   2 * 3 = 6   3 * 3 = 9
1 * 4 = 4   2 * 4 = 8   3 * 4 = 12   4 * 4 = 16
1 * 5 = 5   2 * 5 = 10  3 * 5 = 15   4 * 5 = 20   5 * 5 = 25
1 * 6 = 6   2 * 6 = 12  3 * 6 = 18   4 * 6 = 24   5 * 6 = 30   6 * 6 = 36
1 * 7 = 7   2 * 7 = 14  3 * 7 = 21   4 * 7 = 28   5 * 7 = 35   6 * 7 = 42   7 * 7 = 49
1 * 8 = 8   2 * 8 = 16  3 * 8 = 24   4 * 8 = 32   5 * 8 = 40   6 * 8 = 48   7 * 8 = 56   8 * 8 = 64
1 * 9 = 9   2 * 9 = 18  3 * 9 = 27   4 * 9 = 36   5 * 9 = 45   6 * 9 = 54   7 * 9 = 63   8 * 9 = 72   9 * 9 = 81
```

由上述图形可以看出,九九乘法表的整体排布和例15的图形类似,不同的是,例15中的每个符号 * 变成了乘法表中的每个乘法表达式。这里同样可以使用循环嵌套来实现,使用外层循环控制行,内层循环控制每行要打印的乘法表达式的个数。

使用for循环嵌套编写的程序代码如下:

```
1    for i in range(1,10):
2        for j in range(1,i +1):
3            print("%d * %d = % -2d" % (j,i,j * i),end = " ")
4        print()
```

上述代码中,定义了一个外循环变量i,用来控制行数;定义了一个内循环变量j,用来控制列数,也就是每行要打印的乘法表达式的个数。通过观察可以发现,每一个乘法表达式的被乘数可以用内循环变量j来表示,乘数可以用外循环变量i来表示,所以乘法表达式可以用j * i来表示。另外,为了使乘法表打印得整齐和美观,程序的第3行代码用% －2d将数字按宽度2,采用左对齐方式输出;若数据位数不到2位,则右边补空格。

运行结果如图3－23所示。

图 3 – 23   九九乘法表运行结果

3.4 循环控制语句

在循环结构中,一般会一直执行完所有的情况后自然结束,但是有些情况下,需要停止当前正在执行的循环,从而改变程序的流程,可以使用循环控制语句来实现。常用的循环控制语句有 break 语句、continue 语句和 pass 语句。

3.4.1 break 语句

Python 语言中的 break 语句用来终止循环语句,即循环条件不为 False 或者序列还没被完全递归完,也会停止执行循环语句。break 语句用在 while 和 for 循环中,如果有循环嵌套,只会跳出离它最近的一层循环。break 语句通常与 if 语句结合使用,放在 if 语句代码块中。其语法格式如下:

```
break
```

【例 17:Exam3 – 17. py】使用 for 循环遍历字符串"Python",如果遍历到字符"h",循环结束。

```
1    for letter in "Python":
2        if letter == "h":
3            break
4        print("当前字母:", letter)
```

上述代码中,当遍历到字符"h"时,使用 break 语句跳出循环。运行结果如图 3 – 24 所示。

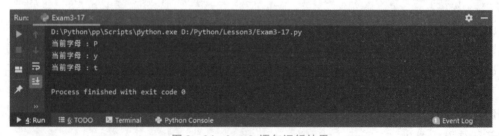

图 3 – 24   break 语句运行结果

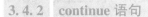

3.4.2 continue 语句

Python 语言中的 continue 语句用于跳出当前循环,继续执行下一轮循环。当执行到 continue 语句时,程序会忽略当前循环中的剩余代码,重新开始执行下一轮循环。continue 语句的用法和 break 语句一样。其语法格式如下:

```
continue
```

【例 18:Exam3 – 18. py】循环遍历字符串"Python",把字母"h"删除掉。

```
1    for letter in "Python":
2        if letter == "h":
3            continue
4        print("当前字母 :", letter)
```

上述代码中,当遍历到字符"h"时,使用 continue 语句跳出当前循环,跳过后面的 print 语句,继续执行一下次循环。运行结果如图 3 – 25 所示。

图 3 – 25   continue 语句运行结果

3.4.3 pass 语句

Python 语言中 pass 是空语句,是为了保持程序结构的完整性。if、while、for 都是复合语句(compound statement),复合语句就是包含其他语句的语句,在复合语句中,如果什么都不需要做,就可以用 pass,这就像 C 语言中只是一个分号的空语句,pass 不做任何事情,一般用作占位语句。其语法格式如下:

```
pass
```

【例 19:Exam3 – 19. py】循环遍历字符串"Python"。

```
1    for letter in "Python":
2        if letter == "h":
3            pass
4            print ("这是 pass 块")
5        print("当前字母 :", letter)
6    print ("Good bye!")
```

上述代码中,当遍历到字符"h"时,执行 pass 语句,由于 pass 是空语句,程序会忽视该语句,接着执行下面的语句。运行结果如图 3 - 26 所示。

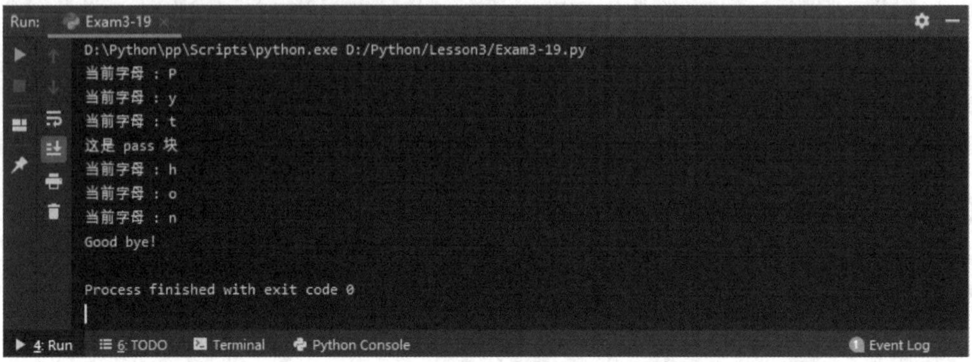

图 3 - 26　pass 语句运行结果

三、项目实现

本项目模拟打怪兽小游戏,游戏中有两个角色:Hero 和 Monster,默认用户是以 Hero 的身份参加游戏。进入游戏后,用户可以进行多种模式选择,如练级、打怪兽、逃跑。其中,练级模式可以增加玩家的生命值和攻击力;打怪兽模式可以和 Monster 分回合对打,每回合显示游戏人物的生命力;逃跑模式可以结束游戏。

具体实现代码如下所示。

```python
import random # 导入随机函数模块
# 显示欢迎信息
print('-'*10,'欢迎光临《Hero 大战 Monster》','-'*10)
print('-'*50) # 打印分割线


# 进入游戏
# 创建变量,保存 Hero 的生命力和攻击力
Hero_life = 20 # 生命值
Hero_attack = 10 # 攻击力
# 创建一个变量来保存 Monster 的生命力和攻击力
Monster_life = 20
Monster_attack = 10


print('你将以 Hero 身份进行游戏!')
print('-'*50)


# 显示 Hero 的信息(攻击力,生命值)
print(f'Hero, 你的生命值是{Hero_life} , 你的攻击力是{Hero_attack}')
# 由于游戏选项是需要反复显示的,所以必须将其编写到一个循环中
while True :
    print('-'*50)
    #显示游戏选项游戏正式开始
```

```
print('请选择你要进行的操作:')
print('\t1. 练级')
print('\t2. 打怪兽')
print('\t3. 逃跑')
game_choose = input('请选择你要进行的操作[1-3]:')

# 进行选择处理
if game_choose == '1':
    # 增加玩家的生命值和攻击力
    Hero_life += 5
    Hero_attack += 2
    print('-'*50)
    # 显示玩家的信息(攻击力、生命值)
    print(f'恭喜你升级了!,你现在的生命值是{Hero_life},你的攻击力\
        是{Hero_attack}')
elif game_choose == '2':
    # 玩家攻击 Monster
    temp = Hero_attack # 保存玩家当前的攻击力
    # 减去 Monster 的生命值,减减的生命值应该等于玩家的攻击力
    Hero_attack = random.randrange(Hero_attack - 2,\
                Hero_attack + 2)
    Monster_life -= Hero_attack
    print('-'*50)
    print('->Hero<- 给予 ->Monster<- %d 点重击'%Hero_attack)
    print(f'Monster 现在的生命值是{Monster_life}')
    Hero_attack = temp # 恢复玩家的攻击力
    if Monster_life <= 0: # 检查 Monster 是否死亡
        # Monster 死亡,player 胜利,游戏结束
        print(f'->Monster<-受到了{Hero_attack}点伤害,\
            已经 over 了,->Hero<-赢得了本场比赛胜利!')
        break # 游戏结束
    # Monster 要反击玩家
    # 减去玩家的生命值
    Monster_attack = random.randrange(Monster_attack - 2,\
                Monster_attack + 2)
    Hero_life -= Monster_attack
    print(' ->Monster<- 给予 ->Hero<-%d 点重击'%Monster_attack)
    print(f'Hero 现在的生命值是{Hero_life}')
    Monster_attack = 10
    #检查玩家是否死亡
    if Hero_life <= 0:
        #玩家死亡
        print(f'你受到了{Monster_attack}点伤害,已经 over 了,\
            不要灰心,请重新来过!')
        break #游戏结束
    elif game_choose == '3':
```

```
        print('-'*50)
        #逃跑,退出游戏
        print('对不起,你逃跑了,over')
        break
    else :
        print('-'*50)
        print('你的输入有误,请重新输入! ')
```

项目的运行结果如图 3 – 27 所示。

图 3 – 27　项目运行结果

四、项目总结

　　程序在一般情况下是按顺序执行的,编程语言提供了各种控制结构,允许复杂的执行路径。本项目讲的控制语句可以理解成程序的骨架,然后把前面学习到的数据类型、运算符填充进去就成了真正的程序。本项目主要介绍了几种常用的控制语句:条件语句、循环语句和循环控制语句。其中,条件语句主要介绍了 if 语句,循环语句主要介绍了 while 语句和 for 语句,循

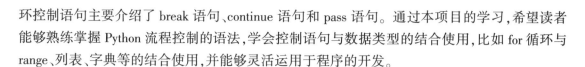

环控制语句主要介绍了 break 语句、continue 语句和 pass 语句。通过本项目的学习,希望读者能够熟练掌握 Python 流程控制的语法,学会控制语句与数据类型的结合使用,比如 for 循环与 range、列表、字典等的结合使用,并能够灵活运用于程序的开发。

五、项目拓展

1. 编写程序求 1 ~ 100 中所有偶数的和。

2. 编写程序打印所有的水仙花数。所谓水仙花数,是指一个三位数,其各位数字立方和等于该数本身。

3. 某商场举行购物优惠活动(x 代表购物款,y 代表折扣)如下:

当 x < 1 000 时,y = 0;

当 1 000 <= x < 3 000 时,y = 5%;

当 3 000 <= x < 5 000 时,y = 10%;

当 5 000 <= x < 10 000 时,y = 20%;

当 x >= 10 000 时,y = 30%;

编写程序,对输入的顾客购物款显示应付的款数。

4. 有四个数字:1、2、3、4,能组成多少个互不相同且无重复数字的三位数?各是多少?

5. 编写猜数字游戏程序。预设一个 100 以内的整数,让用户猜一猜并输入所猜的数,要求限制猜数机会只有 5 次。若猜测的数字大于预设的数,提示"太大";若猜测的数字小于预设的数,提示"太小";若猜中预测的数字,提示"恭喜,猜数成功"。

6. 编写程序打印如图 3 - 28 所示的图形。

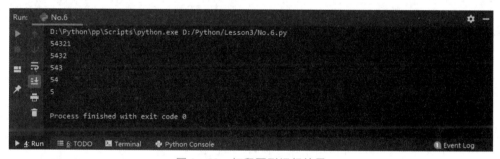

图 3 - 28 打印图形运行结果

7. 编写程序打印如图 3 - 29 所示的图形。

图 3 - 29 打印图形运行结果

六、课后习题

1. 单选题

（1）以下代码的执行结果是（   ）。

```
sum = 0
for i in range(100):
    if(i % 10):
        continue
    sum = sum + i
print(sum)
```

A. 5 050   B. 4 950   C. 450   D. 45

（2）以下代码的输出结果是（   ）。

```
for s in "testatest":
    if s == "a" or s == "e":
        continue
print(s,end='')
```

A. tsttst   B. testatest   C. testtest   D. tstatst

（3）以下代码的输出结果是（   ）。

```
for i in range(1,6):
    if i%4 == 0:
        break
    else:
        print(i,end = ",")
```

A. 1,2,3,5,   B. 1,2,3,4,   C. 1,2,3,   D. 1,2,3,5,6

（4）以下关于 Python 循环结构的描述中，错误的是（   ）。

A. continue 只结束本次循环

B. 遍历循环中的遍历结构可以是字符串、文件、组合数据类型和 range( )函数

C. Python 通过 for、while 等保留字构建循环结构

D. break 用来结束当前次语句，但不跳出当前的循环体

（5）下列选项中，会输出 1、2、3 三个数字的是（   ）。

A.
```
for i in range(3):
    print(i)
```

B.
```
for i in range (2):
    print(i +1)
```

C.
```
a_list =[0,1,2]
for i in a_list:
    print(i +1)
```

D.
```
i = 1
while i < 3:
    print (i)
    i = i + 1
```

(6) 对于以下代码,说法正确的是(　　)。

```
for i in range(10):
    ...
```

A. range 函数产生的序列从 10 开始

B. range 函数产生的序列从 1 开始

C. range 函数产生的序列到 10 结束(包括 10)

D. range 函数产生的序列到 9 结束(包括 9)

(7) 下列说法中,错误的是(　　)。

A. while 语句的循环体中可以包括 if 语句

B. if 语句中可以包括循环语句

C. 循环语句不可以嵌套

D. 选择语句可以嵌套

(8) 已知 x = 10,y = 20,z = 30,以下语句执行后,x、y、z 的值是(　　)。

```
if x < y:
    z = x
    x = y
    y = z
```

A. 10,20,30　　　　B. 10,20,20　　　　C. 20,10,10　　　　D. 20,10,30

(9) 以下程序的输出结果是(　　)。

```
x,y,z = 2, -1,2;
if x < y:
    if y < 0:
        z = 0
    else:
        z + = 1
print(z)
```

A. 3　　　　　　　B. 2　　　　　　　C. 1　　　　　　　D. 0

2. 判断题

(1) Python 中 break 和 continue 语句可以单独使用。　　　　　　　　　　(　　)

(2) 在 Python 中没有 switch…case 语句。　　　　　　　　　　　　　　　(　　)

(3) if…else 语句可以处理多个分支条件。　　　　　　　　　　　　　　　(　　)

(4) 循环语句可以嵌套使用。　　　　　　　　　　　　　　　　　　　　　(　　)

(5) 每个 while 条件后面都要使用冒号。　　　　　　　　　　　　　　　　(　　)

（6）pass 语句的出现是为了保持程序结构的完整性。 （ ）

（7）成员符号 in 和 for 语句里的 in 返回结果类型一样。 （ ）

3. 填空题

（1）Python 中的循环语句有＿＿＿＿＿循环和＿＿＿＿＿循环。

（2）＿＿＿＿＿语句是 else 语句和 if 语句的组合。

（3）Python 中的＿＿＿＿＿表示的是空语句。

（4）在循环体中使用＿＿＿＿＿语句可以跳出循环。

（5）Python 中 continue 语句的作用是＿＿＿＿＿＿＿＿＿＿＿＿＿＿＿＿＿＿＿。

（6）下面代码执行后，m 和 n 的值分别是＿＿＿＿＿＿＿＿＿＿＿＿。

```
n = 123456789
m = 0
while n != 0:
    m = (10 * m) + (n%10)
    n //= 10
```

项目四

身份证号码的秘密

一、项目分析

(一)项目描述

身份证在我们的生活中起到了重要的作用,我们当前使用的身份证是二代居民身份证,办理银行卡、信用卡、购买火车票、飞机票、出国、住酒店等都需要用到身份证。身份证号是公民的唯一识别号码,包含相应的身份信息,那么身份证号码中到底藏着多少秘密呢?现要求用户从键盘输入 18 位的身份证号码,经程序判断后输出相应的身份信息。

(二)项目目标

1. 掌握 Python 中字符串的表示形式。

2. 掌握 Python 中字符串的输入与输出。

3. 掌握 Python 中字符串的切片操作。

4. 掌握 Python 中字符串的常用内建函数的作用。

(三)项目重点

1. 字符串的格式化输出。

2. 字符串的切片操作。

3. 字符串常见内建函数的使用。

二、项目知识

本项目要从用户输入的身份证号码中得到相应的身份信息,需要分别获取不同数位上的号码。在 Python 中,能保存像身份证号码这类数据的类型是字符串,下面将对 Python 中的字符串进行详细介绍。

4.1 认识字符串

4.1.1 字符串的定义

字符串是一种用来表示文本的数据类型,它是由符号或者数值组成的一个连续序列,Python 中的字符串是不可变的,字符串一旦创建,便不可修改。

Python 中的字符串有如下三种定义方式,其中单引号和双引号通常用于定义单行字符串,三引号通常用于定义多行字符串。

1. 使用单引号定义字符串

例如:

```
single_symbol = 'ID card number'
```

需要注意的是,单引号表示的字符串里不能包含单引号,如 I'm fine 不能使用单引号来定义,但是可以通过转义字符对单引号进行转义,示例代码如下:

```
>>> 'I\'m fine'
"I'm fine"
```

上述代码中,使用反斜线的方式,对单引号进行了转义,这样当解释器遇到这个转义字符的时候,会知道这不是字符串的结束标记。

2. 使用双引号定义字符串

例如:

```
double_symbol = "ID card number"
```

需要注意的是,双引号表示的字符串里不能包含双引号,但是允许嵌套单引号,如 mix_symbol = "I'm fine"。

当然,也可以通过转义字符对双引号进行转义,示例代码如下:

```
>>> "I love \"Python\""
'I love "Python"'
```

上述代码中,使用反斜线的方式对双引号进行了转义,同时,通过运行结果可以发现,单引号表示的字符串里允许嵌套双引号。

3. 使用三引号(三个单引号或三个双引号)定义字符串

例如:

```
three_symbol = '''How are you
I'm fine,thank you'''
```

或者

```
three_symbol = """How are you
I'm fine,thank you"""
```

需要注意的是,三引号定义的多行字符串中可以包含换行符、制表符或者其他特殊的字符。

4.1.2 字符串的输入和输出

1. 字符串的输入

Python 提供了 input( )函数可以用于接收字符串的输入,该函数的使用方法在项目一中已有介绍,这里不再重复。

【例1:Exam4 – 1. py】字符串输入举例。

```
1    name = input("请输入你的姓名:")
2    print(name)
3    print(type(name))
4    age = input("请输入你的年龄:")
5    print(age)
6    print(type(age))
7    age = int(age)
8    print(type(age))
```

上述示例中,第1行和第4行代码中的input()函数传入了字符串信息,用于在获取数据前给用户提示,并且将接收的输入直接赋给左边的变量 name 和 age。需要注意的是,input()函数获取的数据都是以字符串类型保存的,第7行代码使用数据类型转化函数进行类型转化,将字符串类型转化为整型。

运行结果如图4 – 1所示。

图4 – 1　字符串输入运行结果

2. 字符串的输出

Python 中的字符串可以通过占位符%、format()函数和 f – strings 三种方式实现格式化输出,其中占位符%在项目二已有介绍,这里不再赘述。下面重点讲解后两种方法。

(1)format()函数

Python 2.6 开始,新增了一种格式化字符串的函数 format(),它增强了字符串格式化的功能。与占位符%不同的是,使用 format()函数不需要关注变量的类型。

format()函数的基本使用格式如下:

```
<字符串>.format(<参数列表>)
```

在 format()函数中使用"{}"为变量预留位置。例如:

```
>>> name = "David"
>>> age = 18
>>> "你好,我的名字是:{},今年我{}岁了。".format(name,age)
'你好,我的名字是:David,今年我18岁了。'
```

format( )函数可以接受不限个参数,位置可以不按顺序排列。如果字符串中包含多个"{}",并且"{}"内没有指定任何序号(从 0 开始编号),那么默认按照"{}"出现的顺序分别用 format( )函数中的参数进行替换;如果字符串的"{}"中明确指定了序号,那么按照序号对应的 format( )函数中的参数进行替换。例如:

```
>>> "{} {}".format("hello", "world")  #不设置指定位置,按默认顺序
'hello world'
>>> "{1} {0} {1}".format("hello", "world")  #设置指定位置
'world hello world'
```

需要注意的是,在指定序号的时候,不要超出 format( )函数中参数个数的范围,否则,程序会报错。

format( )函数还可以对数字进行格式化,包括保留 n 位小数、数字补齐、对齐方式和显示百分比等。

①保留 n 位小数。使用 format( )函数可以保留浮点数的 n 位小数,其格式为{:.nf},其中,n 表示保留的小数位数。例如:

```
>>> "{:.4f}".format(3.1415926) #保留 4 位小数
3.1416
```

②数字补齐。使用 format( )函数可以对数字进行补齐,其格式为{:m >nd}或{:m <nd},其中,m 表示用来补齐的字符(默认是空格),n 表示补齐后数字的长度,">"表示在原数字左边进行补齐,"<"表示在原数字右边进行补齐。例如:

```
>>> num = 7
>>> "{:0 >3d}".format(num)
'007'
>>> "{:0 <3d}".format(num)
'700'
```

③设置数字对齐方式。使用 format( )函数可以设置数字的对齐方式,其格式为{:[m][align]nd},其中,m 表示用来填充的字符(默认是空格),n 表示数字的长度,align 有 3 种方式:">"表示右对齐,"<"表示左对齐(默认),"^"表示中间对齐。例如:

```
>>> "{:>10d}".format(2021) #右对齐
'2021'
>>> "{:<10d}".format(2021) #左对齐
'2021'
>>> "{:^10d}".format(2021) #中间对齐
'2021'
>>> "{:*^10d}".format(2021) #中间对齐,*填充
'***2021***'
```

④显示百分比。使用 format( )函数可以将数字以百分比形式显示,其格式为{:.n%},其中,n 表示保留的小数位。例如:

项目四 身份证号码的秘密

```
>>> "{:.0%}".format(0.666)
'67%'
>>> "{:.1%}".format(0.666)
'66.6%'
```

（2）f-strings

f-strings 也称为格式化字符串常量（formatted string literals），是 Python 3.6 新引入的一种字符串格式化方法，主要目的是使格式化字符串的操作更加简便。

f-strings 在形式上是以 f 或 F 修饰符引领的字符串（f'xxx'或 F"xxx"），以大括号 {} 标明被替换的字段。f-strings 在本质上并不是字符串常量，而是一个在运行时运算求值的表达式，所以在性能上优于占位符% 和 format( ) 函数。

使用 f-strings 不需要关注变量的类型，但是仍然需要关注变量的传入位置，用 {} 表示被替换字段，其中直接填入替换内容。例如：

```
>>> name = 'David'
>>> number = 7
>>> f'Hello, my name is {name}, My lucky number is {number}'
'Hello, my name is David, My lucky number is 7'
```

f-strings 的大括号 {} 还可以填入表达式或调用函数，Python 会求出其结果并填入返回的字符串内。例如：

```
>>> f'The total number is {24 * 8 + 4}'
'The total number is 196'
>>> name = 'DAVID'
>>> f'My name is {name.lower()}'
'My name is david'
```

4.2 字符串的基本操作

4.2.1 字符串的存储方式

Python 不支持单字符类型，单字符在 Python 中也是作为一个字符串使用。如果要获取字符串中的某个字符，可以通过使用方括号[]加索引的形式来实现，格式为：字符串[索引]，其中，索引代表字符串中每个元素所处的位置编号，也称作下标，可以自 0 开始从左到右依次递增，称为正向索引；也可以自 -1 开始从右到左依次递减，称为反向索引。

字符串在内存中的存储方式如图 4-2 所示。

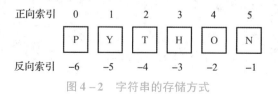

图 4-2　字符串的存储方式

例如：

```
>>> str_name = "PYTHON"
>>> print(str_name[2]) #利用正向索引获取字符
T
>>> print(str_name[-5]) #利用反向索引获取字符
Y
```

在上面的代码中，分别获取索引为 2 和 −5 的字符，根据字符串的存储方式，得到的字符分别为"T"和"Y"。

需要注意的是，索引的范围不能越界，否则程序会报索引越界的异常。例如：

```
>>> str_name = "PYTHON"
>>> print(str_name[7])
Traceback (most recent call last):
  File "<stdin>", line 1, in <module>
IndexError: string index out of range
```

4.2.2　字符串的遍历

程序开发中，很多计算过程都需要每次从一个字符串中取一个字符。一般都是从头开始读取，依次得到每个字符，然后做些处理，一直到末尾。这种处理模式叫遍历。可以使用 while 和 for 循环来实现字符串的遍历。

1. 使用 while 循环遍历字符串

在使用 while 循环遍历字符串时，需要先获取字符串的长度，将其作为循环的条件。

【例 2：Exam4 − 2. py】while 循环遍历字符串举例。

```
1    str_name = "PYTHON"
2    length = len(str_name)
3    i = 0
4    while i < length:
5        print(str_name[i])
6        i += 1
```

上述示例中，第 2 行的 len( )函数用于获取字符串的长度，将获取到的长度作为循环的条件，来限制循环执行的次数，通过索引遍历出字符串的所有字符。

运行结果如图 4 −3 所示。

图 4 −3　while 循环遍历字符串运行结果

2. 使用 for 循环遍历字符串

使用 for 循环遍历字符串的方式非常简单,只需要将字符串作为 for 循环表达式中的序列就行。

【例3：Exam4 - 3. py】for 循环遍历字符串举例。

```
1   str_name = "PYTHON"
2   for i in str_name:
3       print(i)
```

上述示例中,直接将字符串作为 for 循环表达式中的序列,逐个获取字符串中的字符。

运行结果如图 4 - 4 所示。

图 4 - 4　for 循环遍历字符串运行结果

当然,这里也可以使用序列索引的方法来实现 for 循环遍历字符串,请大家自己完成。

4.2.3　字符串的切片

字符串切片是从字符串中取出相应的元素,重新组成一个新的字符串,也就是截取字符串,取字符串的子串。语法格式如下:

字符串[开始元素下标:结束元素下标:步长]

其中,开始元素下标默认为0,结束元素下标默认为 len(字符串) +1,步长默认为1。

需要注意的是,切片选取的区间属于左闭右开型,即截取的字符串包含开始位,但不包含结束位(结束位的前一位)。步长如果是正数,则从左到右获取字符;步长如果是负数,则从右到左获取字符。

下面通过一个案例来具体演示如何使用字符串的切片操作。

【例4：Exam4 - 4. py】字符串切片举例。

```
1   num_str = "0123456789"
2   print(num_str[:6])    #获取开始到5位置上的字符
3   print(num_str[2:])    #获取2到末尾的字符
4   print(num_str[:])     #获取全部的字符
5   print(num_str[2:6])   #获取2到5位置上的字符
6   print(num_str[2:-1])  #获取从2到末尾 -1(倒数第2个)的字符
```

```
7    print(num_str[-2:])    #获取末尾2个字符
8    print(num_str[::2])     #获取从开始到结束,每隔一个的字符
9    print(num_str[1::2])    #获取从1开始到结束,每隔一个的字符
10   print(num_str[::-2])    #逆序获取从末尾到开始,每隔一个的字符
11   print(num_str[-1::-1])  #逆序排列字符串
```

上述代码中,定义了一个字符串 num_str,然后使用切片截取字符串任意位置上的子串,第 11 行代码的开始位置下标 -1 也是可以省略不写的。

运行结果如图 4 - 5 所示。

图 4 - 5　字符串切片运行结果

4.3　使用字符串内建函数

字符串作为一种最常用的数据类型,它提供了很多内建函数供用户使用,下面将详细介绍一些常见的内建函数,具体见表 4 - 1。

表 4 - 1　字符串常见的内建函数

类别	函数名	描述
查找和替换函数	find(str[,beg[,end]])	检测 str 是否包含在字符串的指定范围中
	index(str[,beg[,end]])	跟 find()函数一样,返回结果稍有不同
	replace(str1,str2[,num])	把字符串中的 str1 替换成 str2,替换的次数不超过 num
	startswith(obj[,beg[,end]])	检查在指定的范围中,字符串是否以 obj 开头
	endswith(obj[,beg[,end]])	检查在指定的范围中,字符串是否以 obj 结束
计数函数	count(str[,beg[,end]])	返回 str 在字符串的指定范围中出现的次数

续表

类别	函数名	描述
对齐函数	ljust(width[,chars])	返回一个原字符串左对齐,并使用 chars 填充至长度 width 的新字符串
	rjust(width[,chars])	返回一个原字符串右对齐,并使用 chars 填充至长度 width 的新字符串
	center(width[,chars])	返回一个原字符串居中对齐,并使用 chars 填充至长度 width 的新字符串
大小写转换函数	capitalize()	将字符串中的第一个字符大写
	title()	将字符串中的所有单词的首字母大写,其余均小写
	upper()	将字符串中的小写字母转换为大写字母
	lower()	将字符串中的大写字母转换为小写字母
	swapcase()	翻转字符串中的大小写字母
去除函数	lstrip([chars])	去除字符串开头的指定字符 chars
	rstrip([chars])	去除字符串末尾的指定字符 chars
	strip([chars])	去除字符串开头和末尾的指定字符 chars
连接和分割函数	str.join(obj)	以指定的字符串 str 作为分隔符,将 obj 中的所有元素连接为一个新的字符串
	split([str[,num]])	以 str 为分隔符切片字符串,分割的次数不超过 num

4.3.1　查找和替换函数

1. find( )函数

find( )函数用于检测字符串中是否包含子字符串 str,如果指定 ben(开始)和 end(结束)范围,则检查是否包含在指定范围内。如果检测到,则返回开始的索引值,否则返回 −1。需要注意的是,指定范围不包括结束位置。

语法格式如下:

```
string.find(str[,beg[,end]])
```

其中,str 为要查找的子字符串;beg 为开始索引,默认为 0;end 为结束索引,默认为字符串的长度。

【例 5:Exam4 −5.py】find( )函数举例。

```
1    string = "I love Python"
2    print(string.find("Py"))
3    print(string.find("PY"))
4    print(string.find("Py",6,8))
5    print(string.find("Py",7,9))
```

运行结果如图 4-6 所示。

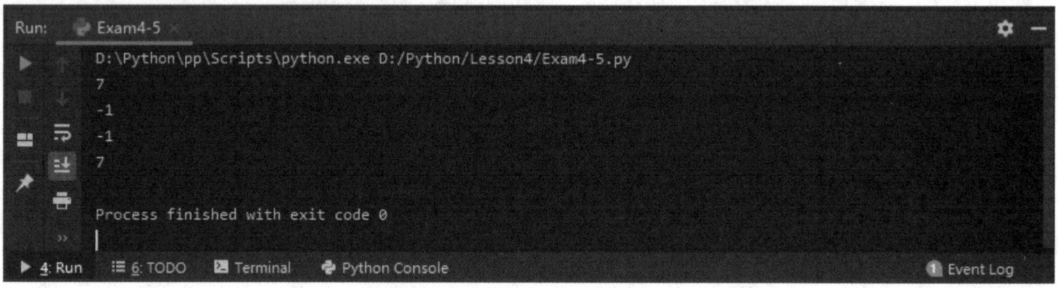

图 4-6　find( )函数运行结果

2. index( )函数

index( )函数的功能和用法与 find( )函数的相同,都是用于检测字符串中是否包含子字符串 str,如果指定 ben(开始)和 end(结束)范围,则检查是否包含在指定范围内。不同之处在于,如果检测不到,则会抛出异常。

语法格式如下:

```
string.index(str[,beg[,end]])
```

【例 6: Exam4 - 6. py】index( )函数举例。

```
1    string = "I love Python"
2    print(string.index("Py"))
3    print(string.index("Py",6,8))
```

运行结果如图 4-7 所示。

图 4-7　index( )函数运行结果

3. replace( )函数

replace( )函数用于把字符串中的 str1 替换成 str2,该函数返回的是替换后生成的新字符串。如果指定了 num,则替换的次数不超过 num。

语法格式如下：

```
string.replace(str1,str2[,num])
```

其中,str1 为将被替换的子字符串;str2 为用于替换 str1 的字符串;num 为替换的次数。

【例 7：**Exam4 – 7. py**】replace( )函数举例。

```
1    string = "I love love love Python"
2    print(string.replace("l","L"))
3    print(string.replace("l","L",2))
```

运行结果如图 4 – 8 所示。

图 4 – 8 replace( ) 函数运行结果

4. startswith( )函数

startswith( )函数用于检查字符串是否以子字符串 obj 开头,如果是,则返回 True;否则返回 False。若指定了 beg 和 end 参数的值,则会在指定的范围内检查。

语法格式如下：

```
string.startswith(obj[,beg[,end]])
```

【例 8：**Exam4 – 8. py**】startswith( )函数举例。

```
1    string = "Hello, I'm David, I love Python"
2    print(string.startswith("Hello"))
3    print(string.startswith("hello"))
4    print(string.startswith("Da",11,13))
5    print(string.startswith("Da",11,12))
```

运行结果如图 4 – 9 所示。

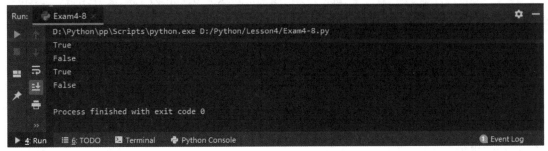

图 4 – 9 startswith( ) 函数运行结果

5. endswith( ) 函数

endswith( )函数用于检查字符串是否以子字符串 obj 结束,如果是,则返回 True;否则返回 False。若指定了 beg 和 end 参数的值,则会在指定的范围内检查。

语法格式如下:

```
string.endswith(obj[,beg[,end]])
```

【例 9: Exam4 – 9. py】endswith( ) 函数举例。

```
1    string = "Hello, I'm David, I love Python"
2    print(string.endswith("Python"))
3    print(string.endswith("PYthon"))
4    print(string.endswith("Da",11,13))
5    print(string.endswith("Da",11,12))
```

运行结果如图 4 – 10 所示。

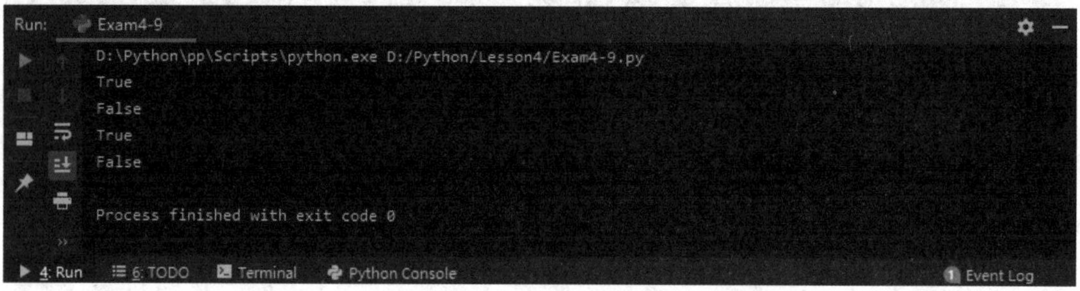

```
Run:    Exam4-9
        D:\Python\pp\Scripts\python.exe D:/Python/Lesson4/Exam4-9.py
        True
        False
        True
        False

        Process finished with exit code 0

▶ 4: Run    ≡ 6: TODO    ⯈ Terminal    ⌬ Python Console                    ① Event Log
```

图 4 – 10   endswith( ) 函数运行结果

4.3.2 计数函数

计数函数 count( )用于统计子字符串 str 在字符串中出现的次数,若指定了 beg 和 end 参数的值,则会在指定的范围内搜索,函数返回值为子字符串出现的次数。

语法格式如下:

```
string.count(str[,beg[,end]])
```

其中,str 为要计数的子字符串;beg 为开始索引,默认为 0;end 为结束索引,默认为字符串的长度。

【例 10: Exam4 – 10. py】count( ) 函数举例。

```
1    string = "I love love love Python"
2    print(string.count("love"))
3    print(string.count("love",2,10))
4    print(string.count("love",2,11))
```

运行结果如图 4 – 11 所示。

图 4 – 11 count( )函数运行结果

4.3.3 对齐函数

1. ljust( )函数

ljust( )函数用于返回一个原字符串左对齐,并使用指定字符 chars 填充至指定长度 width 的新字符串。如果指定长度小于原字符串的长度,则返回原字符串。

语法格式如下:

```
string.ljust(width[,chars])
```

其中,width 为指定的字符串长度;chars 为用来填充的字符,默认为空格。

【例 11:Exam4 – 11. py】ljust( )函数举例。

```
1    string = "I love Python"
2    print(string.ljust(20))
3    print(string.ljust(20,"!"))
4    print(string.ljust(10,"!"))
```

运行结果如图 4 – 12 所示。

图 4 – 12 ljust( )函数运行结果

2. rjust( )函数

rjust( )函数用于返回一个原字符串右对齐,并使用指定字符 chars 填充至指定长度 width 的新字符串。如果指定长度小于原字符串的长度,则返回原字符串。

语法格式如下:

```
string.rjust(width[,chars])
```

其中,width 为指定的字符串长度;chars 为用来填充的字符,默认为空格。

【例12：Exam4 – 12. py】rjust( )函数举例。

```
1    string = "I love Python"
2    print(string.rjust(20))
3    print(string.rjust(20,"!"))
4    print(string.rjust(10,"!"))
```

运行结果如图4 – 13 所示。

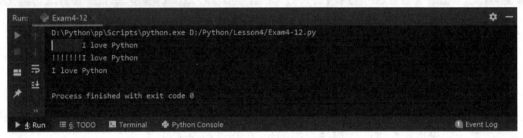

图4 – 13   rjust( )函数运行结果

3. center( )函数

center( )函数用于返回一个原字符串居中对齐,并使用指定字符 chars 填充至指定长度 width 的新字符串。如果指定长度小于原字符串的长度,则返回原字符串。

语法格式如下:

```
string.center(width[,chars])
```

其中,width 为指定的字符串长度;chars 为用来填充的字符,默认为空格。

【例13：Exam4 – 13. py】center( )函数举例。

```
1    string = "I love Python"
2    print(string.center(20))
3    print(string.center(20,"!"))
4    print(string.center(10,"!"))
```

运行结果如图4 – 14 所示。

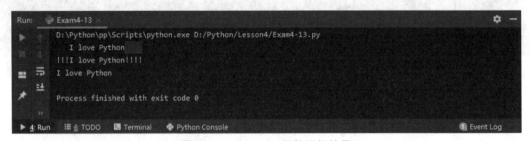

图4 – 14   center( )函数运行结果

4.3.4 大小写转换函数

1. capitalize( )函数

capitalize( )函数用于将字符串的第一个字母变成大写,其余字母变为小写,返回一个首字母大写的字符串。

语法格式如下：

```
string.capitalize()
```

【例 14：Exam4 – 14. py】capitalize( )函数举例。

```
1    string = "i Love Python"
2    print(string.capitalize())
```

运行结果如图 4 – 15 所示。

图 4 – 15　capitalize( )函数运行结果

2. title( )函数

title( )函数返回"标题化"的字符串,也就是说,所有单词都是以大写开始,其余字母均为小写。

语法格式如下：

```
string.title()
```

【例 15：Exam4 – 15. py】title( )函数举例。

```
1    string = "i loVe pytHon"
2    print(string.title())
```

运行结果如图 4 – 16 所示。

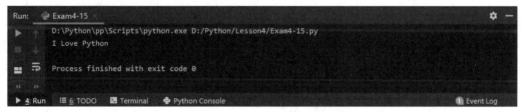

图 4 – 16　title( )函数运行结果

3. upper( )函数

upper( )函数用于将字符串中的所有小写字母转换为大写字母,语法格式如下：

```
string.upper();
```

【例 16：Exam4 – 16. py】upper( )函数举例。

```
1    string = "i loVe pytHon"
2    print(string.upper())
```

运行结果如图 4 – 17 所示。

图 4 – 17　upper( )函数运行结果

4. lower( )函数

lower 函数用于将字符串中的所有大写字母转换为小写字母,语法格式如下:

```
string.lower();
```

【例 17:**Exam4 – 17. py**】lower( )函数举例。

```
1    string = "I lOVe PytHOn"
2    print(string.lower())
```

运行结果如图 4 – 18 所示。

图 4 – 18　lower( )函数运行结果

5. swapcase( )函数

swapcase( )函数用于翻转字符串中的大写字母和小写字母,语法格式如下:

```
string.swapcase();
```

【例 18:**Exam4 – 18. py**】swapcase( )函数举例。

```
1    string = "i lOVE pYTHON"
2    print(string.swapcase())
```

运行结果如图 4 – 19 所示。

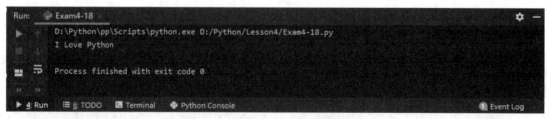

图 4 – 19　swapcase( )函数运行结果

4.3.5　去除函数

1. lstrip( ) 函数

lstrip( )函数用于去除字符串开头的指定字符 chars,返回去除后的新字符串。

语法格式如下:

```
string.lstrip([chars])
```

其中,chars 为指定要去除的字符,默认为空格。

【例 19: **Exam4 – 19. py**】lstrip( )函数举例。

```
1    string = "**    I love Python"
2    print(string.lstrip())
3    print(string.lstrip("*"))
```

运行结果如图 4 – 20 所示。

图 4 – 20　lstrip( ) 函数运行结果

2. rstrip( ) 函数

rstrip( )函数用于去除字符串结尾的指定字符 chars,返回去除后的新字符串。

语法格式如下:

```
string.rstrip([chars])
```

其中,chars 为指定要去除的字符,默认为空格。

【例 20: **Exam4 – 20. py**】rstrip( )函数举例。

```
1    string = "I love Python    **"
2    print(string.rstrip())
3    print(string.rstrip("*"))
```

运行结果如图 4 – 21 所示。

图 4 – 21　rstrip( ) 函数运行结果

3. strip( ) 函数

strip( )函数用于去除字符串开头和结尾的指定字符 chars,返回去除后的新字符串。
语法格式如下:

```
string.strip([chars])
```

其中,chars 为指定要去除的字符,默认为空格。

【例 21: **Exam4 – 21. py**】strip( )函数举例。

```
1    string = "**    I love Python    **"
2    print(string.strip())
3    print(string.strip("*"))
```

运行结果如图 4 – 22 所示。

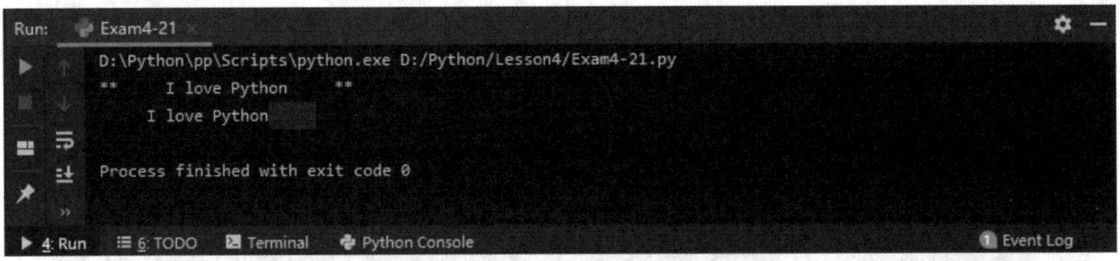

图 4 – 22　strip( )函数运行结果

4. 3. 6 连接和分割函数

1. join( ) 函数

join( )函数用来以指定的字符串 str 作为分隔符,将 obj 中的所有元素连接为一个新的字符串,语法格式如下:

```
str.join(obj)
```

其中,str 为用作分隔符的字符串;obj 为做连接操作的源字符串,允许以列表、元组等形式提供。列表和元组会在下一个项目进行学习。

【例 22: **Exam4 – 22. py**】join( )函数举例。

```
1    string = "IlovePython"
2    print(" - ".join(string))
3    list = ["www","python","com"]
4    print(".".join(list))
```

上述代码中,第 2 行代码使用字符"–"来连接字符串 string 的每个字符,第 4 行代码使用字符"."来连接列表 list 中的每个字符串元素。

运行结果如图 4 – 23 所示。

图 4 - 23 join( ) 函数运行结果

2. split( ) 函数

split( ) 函数用来将一个字符串按照指定的分隔符 str 切分成多个子串,这些子串会被保存到列表中(不包含分隔符),作为函数的返回值反馈回来。如果指定了 num,则分割的次数不超过 num。

语法格式如下:

```
string.split([str[,num]])
```

其中,str 为切片字符串所用的分隔符;num 为分割的次数。

【例 23:Exam4 - 23. py】split( ) 函数举例。

```
1    string = "I Love Love Love Python"
2    print(string.split("o"))
3    print(string.split("o",2))
```

运行结果如图 4 - 24 所示。

图 4 - 24 split( ) 函数运行结果

4.4 使用字符串运算符

字符串在实际开发中经常被用到,Python 提供了一些适用于字符串的运算符,具体见表 4 - 2。

表 4 - 2 字符串常用运算符

函数名	描述
+	字符串连接
*	重复输出字符串

续表

函数名	描述
r/R	原始字符串
in	成员运算符。判断子字符串是否在字符串中,如果在,返回 True
not in	成员运算符。判断子字符串是否不在字符串中,如果不在,返回 True

下面通过一个案例来具体演示这些运算符在字符串的使用。

【例 24:Exam4 - 24. py】字符串运算符举例。

```
1    str1 = "Hello "
2    str2 = "I Love Python"
3    print(str1 + str2)   #使用 +运算符连接两个字符串
4    print("-" * 30)   #使用 *运算符重复输出字符"-"
5    print("ll" in str1)   #检测 ll 是否包含在字符串 str1 中
6    print("love" not in str2)   #检测 love 是否没包含在字符串 str2 中
7    print("I \nLove \nPython")   #含有转义字符的字符串
8    print(r"I \nLove \nPython")   #原始字符串
```

运行结果如图 4 - 25 所示。

图 4 - 25　字符串运算符运行结果

三、项目实现

根据中华人民共和国国家标准 GB 11643—1999 中有关居民身份号码的规定,居民身份号码是特征组合码,由 17 位数字本体码和一位数字校验码组成。排列顺序从左至右依次为:6 位数字地址码,8 位数字出生日期码,3 位数字顺序码和 1 位数字校验码。

全国身份证编码规则:

①第 1、2 位数字表示所在省份的代码;

②第 3、4 位数字表示所在城市的代码;

③第 5、6 位数字表示所在区县的代码;

④第7~14位数字表示出生年、月、日;

⑤第15、16位数字表示所在地派出所的代码;

⑥第17位数字表示性别,奇数表示男性,偶数表示女性;

⑦第18位数字是校检码,可以是0~9的数字,有时也用x表示。

本项目需要获取身份证号中的第7~14位数字和第17位数字,具体实现代码如下:

```
1    user_id = input("请输入身份证号码:")
2    date = user_id[6,14]
3    sex_flag = int(user_id[16,17])
4    if sex_flag % 2 == 0:
5        sex = "女"
6    else:
7        sex = "男"
8    print("该人的身份信息如下")
9    print("出生日期:",date)
10   print("性别",sex)
```

运行结果如图4-26所示。

图4-26　项目运行结果

四、项目总结

本项目首先对字符串进行了介绍,讲解了如何定义字符串以及字符串的输入和输出操作;接着讲解了字符串的基本操作,包括字符串的存储方式、字符串的遍历和字符串的切片操作;最后讲解了字符串常用的内建函数以及字符串运算符。通过本项目的学习,希望大家可以掌握字符串的基本操作,并结合案例多加练习,熟练掌握字符串相关函数的使用。

五、项目拓展

1. 接收输入的一行字符串,统计出字符串中包含数字的个数。

2. 制作文本进度条。进度条以动态方式实时显示计算机处理任务时的进度,它一般由已完成任务量与剩余未完成任务量的大小值组成。要求编写程序,实现如图4-27所示进度条动态显示的效果。

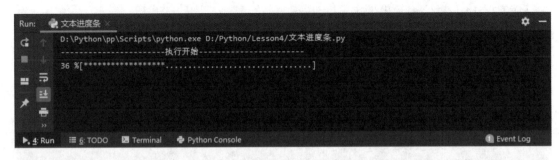

图 4-27 文本进度条运行效果

3. 检测字符串是否是回文串。回文串是指这个字符串无论是从左读还是从右读，所读的顺序是一样的，如 abcdcba。要求编写程序，检测输入的字符串是否是回文串。

4. 敏感词替换。敏感词一般是指带有敏感政治倾向、暴力倾向、不健康色彩的词或不文明的词语。要求编写程序，用符号"＊"替换语句中的敏感词。

六、课后习题

1. 单选题

（1）下列数据中，不属于字符串的是（　　　）。

A.＇and＇　　　　B.＇＇＇perfect＇＇＇　　　　C."wo21"　　　　D. xyz

（2）使用（　　　）符号对字符串类型的数据进行格式化。

A.％c　　　　B.％f　　　　C.％d　　　　D.％s

（3）字符串"Hi,David"中，字符＇D＇对应的下标位置为（　　　）。

A. 1　　　　B. 2　　　　C. 3　　　　D. 4

（4）下列方法中，能够返回某个子串在字符串中出现次数的是（　　　）。

A. length　　　　B. index　　　　C. count　　　　D. find

（5）下列方法中，能够让所有单词的首字母变成大写的方法是（　　　）。

A. capitalize　　　　B. title　　　　C. upper　　　　D. ljust

（6）字符串的 rstrip 方法的作用是（　　　）。

A. 删除字符串头尾指定的字符　　　　B. 删除字符串末尾指定的字符

C. 删除字符串头部指定的字符　　　　D. 通过指定分隔符对字符串切片

（7）在对字符串进行操作时，出现 IndexError:string index out of range 的报错可能是因为（　　　）。

A. 字符串长度太长　　　　　　　　B. 字符串与其他类型数值直接连接

C. 字符串截取时指定索引不存在　　D. 字符串的分隔符不合法

(8)下列关于字符串的分割说法,正确的是(　　　)。

A. 分割是将字符串分割成任意序列

B. 指定了 split( )方法的最大分割次数,就必须分割这么多次

C. 在使用 split( )方法进行分割字符串时,如果不指定分隔符,就不能指定分割次数

D. 如果不指定分隔符,则只能根据字符串中的空格进行分割

(9)使用 strip( )方法时,关于指定与不指定 chars 参数的区别,描述错误的是(　　　)。

A. 指定 chars 参数代表只能去掉一个指定的字符

B. 指定 chars 参数代表去除指定的字符,可以指定多个

C. 如果不指定 chars 参数,默认去掉回车符、制表符、空格符、换行符等

D. 如果不指定 chars 参数,默认不去掉特殊字符

(10)小明在输入 From Zero to Hero 时,手一哆嗦,多输入了几个空格,下列能输出正确的
"From Zero to Hero"的是(　　　)。

```
goal = 'From      Zero to Hero'
```

A. print(goal. strip( ))　　　　　　B. print(goal. lstrip( ))

C. print(goal. rstrip( ))　　　　　　D. print(' '. join(goal. split( )))

2. 判断题

(1)无论使用单引号或者双引号包含的字符串,用 print( )函数输出的结果都一样。

(　　　)

(2)input( )函数接收的任何数据都会以字符串的方式进行保存。　　　　(　　　)

(3)Python 中单个字符也属于字符串类型。　　　　　　　　　　　　　(　　　)

(4)使用下标可以访问字符串中的每一个字符。　　　　　　　　　　　(　　　)

(5)Python 中字符串的下标是从 1 开始的。　　　　　　　　　　　　　(　　　)

(6)字符串的切片选取的区间范围是从起始位置开始,到结束位置结束。　(　　　)

(7)如果 index( )函数没有在字符串中找到子串,则会返回 -1。　　　　(　　　)

(8)Python 中字符串数据类型是不可变数据类型。　　　　　　　　　　(　　　)

(9)使用切片操作字符串,切片的步长只能是正整数。　　　　　　　　(　　　)

(10)使用三引号定义的字符串,可以包含换行符。　　　　　　　　　　(　　　)

3. 填空题

(1)切片选取的区间是＿＿＿＿＿＿＿＿型的,不包含结束位的值。

(2)像双引号这样的特殊符号,需要对它进行＿＿＿＿＿＿＿＿输出。

(3)Python 提供了＿＿＿＿＿＿＿＿函数从标准输入(如键盘)读入一行文本。

(4)使用 format( )函数将数字以百分比形式显示的格式为＿＿＿＿＿＿＿＿。

学习小组分组

一、项目分析

(一)项目描述

分组教学法就是教师根据课堂教学的需要,将学生分成多个小组进行教学的组织形式,可有效地提高学生学习的积极性和主动性,培养学生的创新能力和团结合作能力,有利于教师组织教学,提高课堂教学效果和教学质量。

现要求把本课程分成 3 个小组,本班共有 12 名学生,要求随机分配到各学习小组中,并且每个小组学生数量相等。

(二)项目目标

1. 掌握 Python 中列表的概念及其基本操作。
2. 掌握列表的嵌套操作。
3. 掌握 Python 中元组的概念及其基本操作。
4. 掌握 Python 中字典的概念及其基本操作。

(三)项目重点

1. 列表的嵌套应用。
2. 元组的基本操作。
3. 字典的常用操作。

二、项目知识

本项目需要用户将 12 名学生平均分配到 3 个学习小组中,我们需要使用一种数据结构来保存分组前 12 名学生的信息以及分组之后的各小组学生信息,这里使用的是序列类型。在 Python 序列的内置类型中,列表(list)和元组(tuple)是最常见的两种类型。此外,Python 还提供了一种用于存放具有映射关系的数据结构——字典(dict)。下面将对 Python 中的列表、元组和字典进行详细介绍。

5.1 使用列表

列表是 Python 中最灵活的有序序列,它可以存储任意类型的元素,也就是说,列表的数据项不需要具有相同的类型。用户可以对列表中的元素进行添加、查找、删除、修改、排序等操作。

5.1.1 列表的创建

Python 提供了两种创建列表的方式,分别是使用中括号"[ ]"和内置函数 list( )来创建列表,下面将分别进行介绍。

1. 使用中括号"[ ]"创建列表

使用中括号"[ ]"创建列表时,只需要在中括号中使用逗号分隔每个元素即可。例如:

```
>>> list1 = []                            # 空列表
>>> list2 = ["P","Y","T","H","O","N"]     # 列表中元素类型相同
>>> list3 = ["David",18,"男",66.6]        # 列表中元素类型不同
```

2. 使用 list( ) 函数创建列表

使用 list( )函数创建列表时,如果不传入任何数据,就会创建一个空列表。需要注意的是,该函数接收的参数必须是一个可迭代类型的数据,包括字符串、列表、元组、集合、字典等。例如:

```
>>> list1 = list("python")               # 字符串类型作为参数
>>> list2 = list(["David",18])           # 列表作为参数
>>> list3 = list(10)                      # 整型数据作为参数,创建失败
Traceback (most recent call last):
  File "<stdin>", line 1, in <module>
TypeError:'int'object is not iterable
```

上述代码中,字符串和列表类型都是可迭代类型,可以成功创建列表,而整型数据不是可迭代类型,所以列表创建失败。

5.1.2 列表元素的访问和遍历

1. 列表元素的访问方式

列表可以通过索引或切片的形式来访问元素,下面分别进行介绍。

（1）通过索引访问列表元素

与字符串的索引一样,列表为每个元素分配了一个索引,正向索引自左向右从 0 开始,反向索引自右向左从 –1 开始。

例如:

```
>>> list_name = list("python")
>>> print(list_name[2])   #利用正向索引获取列表元素
t
>>> print(list_name[-2])  #利用反向索引获取列表元素
o
```

（2）通过切片访问列表元素

使用切片可以截取列表中的部分元素,得到一个新的列表,语法格式同字符串的切片操

作,为:列表[开始元素下标:结束元素下标:步长]。下面通过一个案例来具体介绍一下。

【例1:Exam5 - 1. py】列表的切片举例。

```
1    list_name = ["造纸术","指南针","火药","印刷术"]
2    print(list_name[:]) # 获取列表中的所有元素
3    print(list_name[1:3]) # 获取列表中索引为 1 至 3 的元素
4    print(list_name[1::2]) # 获取列表中索引为 1 到末尾且步长为 2 的元素
5    print(list_name[:3]) # 获取列表中索引为 0 到 3 的元素
```

运行结果如图 5 - 1 所示。

图 5 - 1   列表的切片运行结果

2. 列表元素的遍历

列表元素的遍历和字符串的遍历类似,可以使用 while 和 for 循环两种方法来实现。

(1)使用 while 循环遍历列表

在使用 while 循环遍历列表时,需要先获取列表的长度,将其作为循环的条件。

【例2:Exam5 - 2. py】while 循环遍历列表举例。

```
1    list_name = ["造纸术","指南针","火药","印刷术"]
2    length = len(list_name)
3    i = 0
4    while i < length:
5        print(list_name[i])
6        i += 1
```

上述示例中,第 2 行的 len( )函数用于获取列表的长度,将获取到的长度作为循环的条件,来限制循环执行的次数,通过索引遍历出列表的所有元素。

运行结果如图 5 - 2 所示。

图 5 - 2   while 循环遍历列表运行结果

（2）使用 for 循环遍历列表

使用 for 循环遍历列表的时候,直接将列表作为 for 循环表达式中的序列就可以了。

【例 3：Exam5 – 3. py】for 循环遍历列表举例。

```
1    list_name = ["造纸术","指南针","火药","印刷术"]
2    for i in list_name:
3        print(i)
```

上述示例中,直接将列表作为 for 循环表达式中的序列,逐个获取列表中的元素。

运行结果如图 5 – 3 所示。

图 5 – 3　for 循环遍历列表运行结果

5.1.3　列表的基本操作

1. 添加列表元素

在列表中添加元素的方式有多种,最简单的可以通过运算符" + "或" * "来实现列表的组合或重复,例如:

```
>>> print([1,2] + [3,4])
[1, 2, 3, 4]
>>> print(["Hi"] * 3)
['Hi', 'Hi', 'Hi']
```

另外,Python 还提供了一些方法用于列表元素的添加操作,具体见表 5 – 1。

表 5 – 1　列表常用添加元素的方法

方法名	描述
append(obj)	向列表中添加元素 obj
extend(seq)	跟 append 函数一样,参数和返回值略有不同
insert(index,obj)	在指定索引 index 前插入元素 obj

（1）append( )方法

append( )方法用于在列表末尾添加新的元素,参数 obj 可以是任意类型,添加的元素作为一个整体插入列表的末尾,会修改原来的列表。例如:

```
>>> list1 = [1,2,3]
>>> list1.append(4) #将元素4添加到列表的末尾
>>> print(list1)
[1, 2, 3, 4]
>>> list1.append([5,6]) #将列表[5,6]作为一个新元素添加到列表的末尾
>>> print(list1)
[1, 2, 3, 4, [5, 6]]
```

（2）extend（）方法

extend（）方法也用于在列表末尾添加新的元素，与 append（）方法的不同之处在于：参数 seq 必须是可迭代类型，并且是将 seq 打散后依次添加到列表末尾。例如：

```
>>> list1 = [1,2,3]
>>> list1.extend(4)    #整数不可以作为参数传递
Traceback (most recent call last):
  File "<stdin>", line 1, in <module>
TypeError: 'int' object is not iterable
>>> list1.extend("4")    #将字符串添加到列表末尾
>>> print(list1)
[1, 2, 3, '4']
>>> list1.extend([5,6])    #将列表[5,6]的所有元素添加到列表的末尾
>>> print(list1)
[1, 2, 3, 4, 5, 6]
```

（3）insert（）方法

insert（）方法用于在列表的指定位置添加新的元素，添加的元素作为一个整体插入列表的指定位置，该位置及其以后的元素均向后移。例如：

```
>>> list1 = [1,2,4]
>>> list1.insert(2,3) #将元素3添加到列表中索引为2的位置
>>> print(list1)
[1, 2, 3, 4]
>>> list1.insert(3,[5,6]) #将列表[5,6]添加到列表中索引为3的位置
>>> print(list1)
[1, 2, 3, [5, 6], 4]
```

2. 查找列表元素

Python 中的成员运算符可以检查某个元素是否存在于列表中。运算符的用法如下：

①in：若元素存在于列表中，返回 True；否则，返回 False。

②not in：若元素不存在于列表中，返回 True；否则，返回 False。

例如：

```
>>> list1 = [1,2,[3],4]
>>> print([3] in list1)
True
>>> print(3 in list1)
False
```

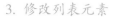

3. 修改列表元素

修改列表中的元素可以通过索引对该元素进行重新赋值来完成,例如:

```
>>> list1 = [1,1,3,4]
>>> list1[1] = 2
>>> print(list1)
[1, 2, 3, 4]
```

4. 删除列表元素

在列表中删除元素的常用方法有三种,下面分别进行介绍。

（1）del 语句

del 语句用于删除列表中指定索引的元素,也可以删除整个列表。例如:

```
>>> list1 = [1,2,2,3,4]
>>> del list1[1]
>>> print(list1)
[1, 2, 3, 4]
>>> del list1
>>> print(list1)
Traceback (most recent call last):
  File "<stdin>", line 1, in <module>
NameError: name 'list1' is not defined
```

（2）remove( )方法

remove( )方法用于删除列表中指定内容的元素,如果列表中有多个匹配的元素,只会删除匹配到的第一个元素。例如:

```
>>> list1 = [1,2,3,2,1]
>>> list1.remove(3)
>>> print(list1)
[1, 2, 2, 1]
>>> list1.remove(1)
>>> print(list1)
[2, 2, 1]
```

（3）pop( )方法

pop( )方法用于删除列表中的最后一个元素,如果指定了索引,则删除该索引位置的元素,例如:

```
>>> list1 = [1,2,3,2,1]
>>> list1.pop()
1
>>> print(list1)
[1, 2, 3, 2]
>>> list1.pop(2)
3
>>> print(list1)
[1, 2, 2]
```

5. 排序列表元素

列表的排序是将列表元素进行重新排列,Python 中常用的列表排序方法有 sort( )方法、sorted( )方法和 reverse( )方法。下面分别进行介绍。

(1) sort( )方法

sort( )方法是将列表元素按照特定的顺序进行重新排列,其基本语法格式为:

```
sort([key = None[, reverse = False]])
```

其中,key 是可选参数,该参数是列表支持的函数;reverse 为排序规则,如果是 True,表示降序排列,如果是 False(默认值),表示升序排列。

需要注意的是,使用 sort( )方法对列表进行排序后,排序后的列表会覆盖原来的列表。

【例 4:Exam5 - 4. py】sort( )方法举例。

```
1   list1 = [2,15,7,1,10]
2   list2 = [2,15,7,1,10]
3   list3 = ["love","i","python"]
4   list1.sort() # 采用默认排序方式
5   list2.sort(reverse = True) # 采用降序排序方式
6   list3.sort(key = len) # 采用按照元素长度进行默认排序的方式
7   print(list1)
8   print(list2)
9   print(list3)
```

上述示例中,创建了 3 个列表,分别采用了默认的升序方式、降序方式和按照列表每个元素的长度进行排序,运行结果如图 5 - 4 所示。

图 5 - 4　sort( )方法运行结果

(2) sorted( )方法

sorted( )方法用于将列表元素进行升序排列,返回排列后的新列表,不会覆盖原有列表,如果传递了参数 reverse = True,则表示降序排列。例如:

```
>>> list1 = [2,15,7,1,10]
>>> print(sorted(list1))
[1, 2, 7, 10, 15]
>>> print(list1)
[2, 15, 7, 1, 10]
```

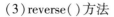

（3）reverse（）方法

reverse（）函数用于反向列表中元素，会覆盖原有列表，例如：

```
>>> list1 = [2,15,7,1,10]
>>> list1.reverse()
>>> print(list1)
 [10,1,7,15,2]
```

5.1.4　列表的嵌套

列表支持嵌套。如果列表存储的元素也是列表，则称为嵌套列表。例如：

```
stu = [["张三"],["李四",98],["王五",76]]
```

在上面的语句中，创建了一个嵌套列表，该列表中包含了 3 个列表，其中索引为 0 的元素为["张三"]，索引为 1 的元素为["李四",98]，索引为 2 的元素为["王五",76]。嵌套列表中元素的访问与普通列表一样，可以通过索引来进行访问。若希望访问嵌套的内层列表中的元素，需要先使用索引获取内层列表，再使用索引访问被嵌套的列表中的元素。嵌套列表在内存中的索引结构如图 5-5 所示。

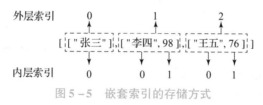

图 5-5　嵌套索引的存储方式

如果希望获取嵌套的第二个列表中的第一个元素，可以使用 stu[1][0] 来得到，示例代码如下：

```
>>> stu = [["张三"],["李四",98],["王五",76]]
>>> print(stu[1])
 ['李四', 98]
 >>> print(stu[1][0])
 李四
```

另外，如果希望在嵌套的内层列表中增加元素，也是需要先获取内层列表，再调用相应的方法往指定的列表中添加元素，例如：

```
>>> stu = [["张三"],["李四",98],["王五",76]]
>>> stu[0].append(87)
>>> print(stu)
 [['张三', 87], ['李四', 98], ['王五', 76]]
```

5.2　使用元组

元组和列表非常相似，它们的元素都是用逗号分隔的，元素为任意类型。不同之处在于：

元组使用小括号,列表使用方括号;元组的元素不能修改,是不可变序列类型。

5.2.1 元组的创建

Python 提供了两种创建元组的方式,分别是使用小括号"( )"和内置函数 tuple( )来创建元组,下面将分别进行介绍。

1. 使用小括号"( )"创建元组

使用小括号"( )"创建元组时,只需要在小括号中使用逗号分隔每个元素即可。例如:

```
>>> tuple1 = ()                              # 空元组
>>> tuple2 = ("P","Y","T","H","O","N")       # 元组中元素类型相同
>>> tuple3 = ("David",18,"男",66.6)           # 元组中元素类型不同
```

需要注意的是,当元组中只包含一个元素时,需要在元素后面添加逗号,以保证 Python 解释器能够识别其为元组类型,例如:

```
>>> tuple1 =(2)
>>> print(type(tuple1))
<class'int'>
>>> tuple2 =(2,)
>>> print(type(tuple2))
<class'tuple'>
```

在上述代码中,tuple1 只包含一个整数 2,此时认为它是一个整型的,而 tuple2 在创建时添加了一个逗号,则会被识别为元组类型。

2. 使用 tuple( )函数创建元组

使用 tuple( )函数创建元组和使用 list( )函数创建列表一样,例如:

```
>>> tuple1 = tuple("python")                 # 字符串类型作为参数
>>> tuple2 = tuple(["David",18])             # 列表作为参数
>>> tuple3 = tuple(10)                        # 整型数据作为参数,创建失败
Traceback (most recent call last):
  File "<stdin>", line 1, in <module>
TypeError:'int'object is not iterable
```

上述代码中,字符串和列表类型都是可迭代类型,可以成功创建元组,而整型数据不是可迭代类型,所以元组创建失败。

另外,在创建 tuple2 的时候,参数是列表类型,由此可以看出,tuple( )函数可以将列表转换为元组。同样的道理,list( )函数可以将元组转换为列表。

例如:

```
>>> tuple2 = tuple(["David",18]) # 列表转换为元组
>>> print(tuple2)
('David', 18)
>>> list2 = list(tuple2) # 元组转换为列表
>>> print(list2)
['David', 18]
```

5.2.2 元组的基本操作

1. 元组元素的访问

和列表一样,元组也可以通过索引或切片的形式来访问元素,下面分别进行介绍。

（1）通过索引访问元组元素

元组可以通过索引访问元组中的元素,例如:

```
>>> tuple_name = tuple("python")
>>> print(tuple_name[2]) # 利用正向索引获取列表元素
t
>>> print(tuple_name[-2]) # 利用反向索引获取列表元素
o
```

（2）通过切片访问元组元素

元组还可以通过切片来截取元组中的部分元素,得到一个新的元组,例如:

```
>>> tuple_name = tuple("python")
>>> print(tuple_name[2:5]) # 利用切片截取索引 2 到索引 5 的元素
('t','h','o')
```

2. 元组元素的遍历

同字符串和列表一样,元组元素的遍历也可以使用 while 或 for 循环两种方法来实现。下面以使用 for 循环遍历元组为例。

【例5：Exam5-5. py】for 循环遍历元组举例。

```
1    tuple_name = ("造纸术","指南针","火药","印刷术")
2    for i in tuple_name:
3        print(i,end = " ")
```

上述示例中,直接将元组作为 for 循环表达式中的序列,逐个获取元组中的元素。

运行结果如图 5-6 所示。

图 5-6 for 循环遍历元组运行结果

3. 元组元素的修改和删除

元组中的元素值是不允许修改的,但可以对元组进行连接组合和复制,也可以修改元组中可变元素的值。

【例6：Exam5-6. py】修改元组举例。

```
1    tuple1 = (1,2,3)
2    tuple2 = (4,5,6)
```

```
3    tuple3 = (7,[8,9],0)
4    print(tuple1 + tuple2) #连接两个元组,组合成一个元组
5    print(tuple1 * 2) #复制元组
6    tuple3[1].append("xx") #修改元组中可变元素的值
7    print(tuple3)
8    tuple3[0] = 10 #不可以直接修改元组中的数值
```

运行结果如图 5-7 所示。

图 5-7　修改元组运行结果

另外,元组中的元素值也是不允许删除的,但是可以使用 del 语句来删除整个元组,也可以删除元组中可变元素的值。例如,在上面的例子中,把第 8 行代码替换成下面两行代码:

```
8    tuple3[1].remove(8)
9    print(tuple3)
```

程序最后会输出以下信息:

```
(7,[9,'xx'],0)
```

可以看到,元组中的可变元素中的数值 8 已被删除。

4. 元组的内置函数

Python 提供了一些元组的常用内置函数,见表 5-2。

表 5-2　元组常用内置函数

函数名	描述
len(tuple)	计算元组元素个数
max(tuple)	返回元组中元素最大值
min(tuple)	返回元组中元素最小值
sorted(tuple,reverse)	对元组元素进行重新排列,默认升序排列
reversed(tuple)	逆序排列元组元素

下面通过一个案例来具体演示这些内置函数的使用。

【例7：Exam5 –7. py】元组内置函数举例。

```
1    tuple1 = (2,15,7,1,10)
2    length = len(tuple1) # 求元组元素个数
3    print("元组中元素的个数为:% d" % length)
4    max_num = max(tuple1) # 求元组中元素的最大值
5    min_num = min(tuple1) # 求元组中元素的最小值
6    print("元组中元素的最大值为{},最小值为{}".format(max_num,min_num))
7    tuple2 = sorted(tuple1,reverse = True) # 降序排列元组
8    print(tuple2)
9    print(reversed(tuple1)) # 逆序排列元组
```

运行结果如图 5 – 8 所示。

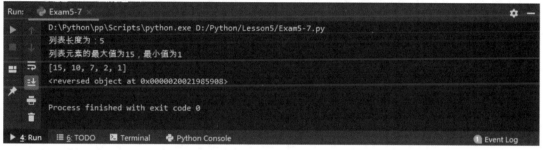

图 5 – 8　元组内置函数运行结果

从上面的运行结果中发现以下两个问题：

①第 8 行代码的输出结果是一个列表,而不是元组类型,这是因为 sorted( )函数的返回类型总是列表,如果想输出一个元组,需要使用 tuple( )函数对 tuple2 进行转换,代码如下：

```
8    print(tuple(tuple2))
```

②第 9 行代码的输出结果是内存地址,而不是元组类型,这是因为 reversed( )函数返回的是反向迭代器对象,输出信息是迭代器对象内存地址。如果想输出一个元组,需要使用 tuple( )函数对逆序排列后的元组 tuple1 进行转换,代码如下：

```
9    print(tuple(reversed(tuple1)))
```

修改完后的运行结果如图 5 – 9 所示。

图 5 – 9　元组内置函数(修改后)运行结果

5.3 使用字典

字典是 Python 内置唯一的映射数据类型,是一种无序的可变的数据类型,可以存储多个数据。字典相当于保存了两组数据,其中一组数据是关键数据,被称为键(key);另一组数据可通过 key 来访问,被称为值(value),字典使用一对大括号"{}"来存放数据,元素之间用逗号","分隔,每个元素都是一个"键:值"(key:value)对,用来表示"键"和"值"的映射关系或对应关系。形象地看,字典中 key 和 value 的关联关系如图 5-10 所示。

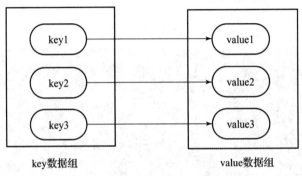

key数据组　　　　　　　　　　value数据组

图 5-10　字典 key 和 value 的关联关系图

字典中的键不可重复,必须是字典中独一无二的数据。键必须使用不可变数据类型的数据,如整型、字符串、元组等,不可以使用列表等可变类型数据。但是,字典的值可以是任意类型的数据,也可以重复,例如图 5-10 中 value1、value2 和 value3 可以是相同的值,所以键和值之间是一个多对一的关系。

5.3.1 字典的创建和访问

1. 字典的创建
Python 可以使用多种方式创建字典,常用的方法有以下几种。

（1）使用花括号{}创建字典

使用花括号{}创建字典时,字典中的键和值使用冒号连接,每个键值对之间使用逗号分隔。如果用 d 表示字典,key_1、key_2、$\cdots$、key_n 为键;$value_1$ 为存储在 key_1 中的值,$value_2$ 为存储在 key_2 中的值,$\cdots$,$value_n$ 为存储在 key_n 中的值。字典的语法格式如下:

```
d = { key₁: value₁, key₂: value₂, …, keyₙ: valueₙ}
```

例如:

```
>>> dict1 = {'name':'David','age': 18}
>>> print(dict1)
{'name':'David','age': 18}
```

这里创建了一个包含两个数据元素的字典 dict1,分别是键值对 'name':'张明' 和 'age':18,其中,'name' 和 'age' 为键(Key),'张明' 和 18 为值(Value)。

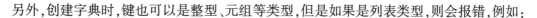

另外,创建字典时,键也可以是整型、元组等类型,但是如果是列表类型,则会报错,例如:

```
>>> dict2 = {1:2,(3,4):10}
>>> dict2
{1: 2, (3, 4): 10}
>>> dict3 = {1:2,[3,4]:10}
Traceback (most recent call last):
    File "<stdin>", line 1, in <module>
TypeError: unhashable type:'list'
```

如果花括号中没有键值对,那么会创建一个空字典,例如:

```
dict4 = {} #创建一个空字典
```

需要注意的是,如果同一个键被赋值多次,以最后一个值作为键值,例如:

```
>>> dict5 = {'name':'David','age': 18,'age': 20,'age': 40}
>>> dict5
{'name': 'David', 'age': 40}
```

(2)使用内置的 dict( )函数创建字典

使用 dict( )函数创建字典时,根据参数类型的不同,常用的 dict( )函数有以下几种形式,具体见表 5 – 3。

表 5 – 3　dict( )函数常用参数类型

函数名	参数类型描述
dict(key/value)	参数为 key ＝ value 形式
dict(iterable)	参数为以元组为元素的元组
	参数为以列表为元素的元组
	参数为以元组为元素的列表
	参数为以列表为元素的列表

下面通过一个案例来具体演示一下 dict( )函数传递不同类型参数的用法。

【例 8:Exam5 – 8. py】dict( )函数创建字典举例。

```
1    dict1 = dict(name = "David", age = 18)
2    print(dict1)
3    dict2 = dict((("name","David"),("age",19)))
4    print(dict2)
5    dict3 = dict((["name","David"],["age",20]))
6    print(dict3)
7    dict4 = dict([("name","David"),("age",21)])
8    print(dict4)
9    dict5 = dict([["name","David"],["age",18],["age",22]])
```

```
10    print(dict5)
11    dict6 = dict()
12    print(dict6)
```

上述代码中,第1~10行代码分别使用了5种不同的参数类型来创建并输出字典,第11行代码创建了一个空字典。

运行结果如图5-11所示。

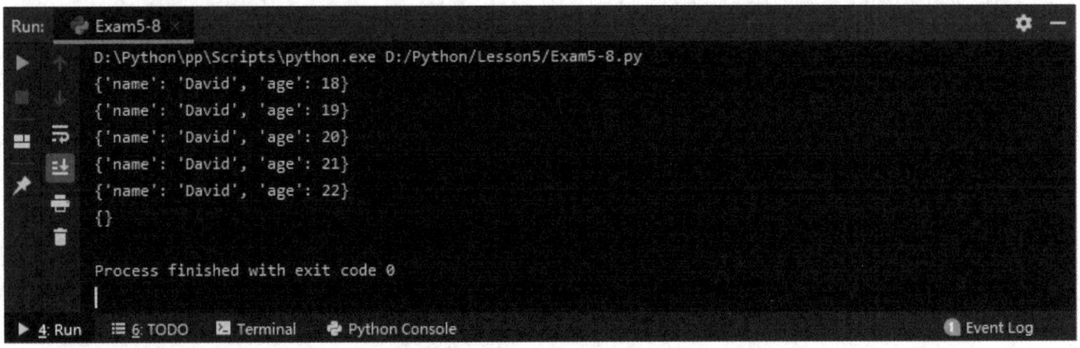

图5-11 dict()函数创建字典运行结果

需要注意的是,在使用 iterable 可迭代对象作为参数时,迭代对象的每个元素必须有两个对象:第一个对象对应的是字典的键,第二个对象对应的是字典的值,如果键有重复,其值为最后一个的值,例如 dict5。

(3)通过 fromkeys()方法创建字典

可以使用 fromkeys()方法创建字典,以序列 seq 中元素做字典的键,value 为字典键对应的值,语法格式为:

```
fromkeys(seq[,value])
```

其中,seq 为字典的键,是一个列表或元组;value 为所有键的初始值,默认值为 None。例如:

```
>>> dict1 = dict.fromkeys(range(3),6)
>>> dict1
{0: 6, 1: 6, 2: 6}
>>> dict2 = dict.fromkeys(range(3))
>>> dict2
{0: None, 1: None, 2: None}
>>> dict3 = dict.fromkeys(("x",5),"OK")
>>> dict3
{'x':'OK', 5:'OK'}
```

2. 字典的访问

字典是一种无序序列类型,不能使用索引的方式获取其值。因为字典中的键是唯一的,所以可以通过键获取对应的值,格式为 dict[key],这样就可以实现该键的值的访问。例如:

```
dict1 = dict(name = "David", age = 18)
>>> dict1["name"]
'David'
>>> dict1["age"]
18
```

需要注意的是,如果字典中不存在待访问的键,则会引发 KeyError 异常,例如:

```
>>> dict1 = dict(name = "David", age = 18)
>>> dict1["addr"]
Traceback (most recent call last):
  File "<stdin>", line 1, in <module>
KeyError: 'addr'
```

为了避免上述异常,在访问字典元素时,可以先使用 Python 中的成员运算符 in 或 not in 检测某个键是否存在,再根据检测结果执行不同的代码。例如,上面的代码可以改写为:

```
>>> if "addr" in dict1:
…     print(dict1["addr"])
…   else:
…     print("键不存在!")
…
键不存在!
```

另外,Python 还提供了一个 get() 方法来获取键对应的值,语法格式如下:

```
get(key[,default])
```

如果 key 在字典中,则返回 key 对应的值;否则,返回 default。default 默认值为 None。例如:

```
dict1 = dict(name = "David", age = 18)
>>> dict1.get("name")
'David'
>>> dict1.get("addr")
>>> print(dict1.get("addr"))
None
>>> dict1.get("addr","No key")
'No key'
```

5.3.2　字典的基本操作

字典的基本操作主要有字典的添加、修改、删除、遍历等操作。下面分别进行介绍。

1. 字典的添加与修改

字典可以使用 update() 方法或通过指定的键来添加元素和修改元素,下面分别进行介绍。

（1）使用 update() 方法

使用 update() 方法可以把字典 dict2 的键值对更新到字典 dict1 中。如果 dict1 中没有

dict2 中元素的键,则执行添加操作;否则,执行修改操作,dict2 中的元素会覆盖 dict1 中相同键的元素。基本语法结构为:

```
dict1.update(dict2)
```

例如:

```
>>> dict1 = {1: "one", 3: "叁", 4: "four"}
>>> dict2 = {2:"two",3:"three"}
>>> dict1.update(dict2)
>>> dict1
{1:'one', 3:'three', 4:'four', 2:'two'}
>>> dict2
{2:'two', 3:'three'}
```

上述代码中,使用 update( )方法添加了元素"2:'two'",将键为 3 的值修改为"three"。

(2)通过指定的键

通过指定的键同样可以实现添加元素和修改元素,格式为 dict[key] = value,当 key 存在于 dict 中时,执行的是修改操作,若 dict 中不存在这个 key,则执行的是添加操作。例如:

```
>>> dict1 = {1: "one", 3: "叁", 4: "four"}
>>> dict1[3] = "three"
>>> dict1[2] = "two"
>>> dict1
{1:'one', 3:'three', 4:'four', 2:'two'}
```

2. 字典的删除

Python 支持通过 del 语句、pop( )方法、popitem( )方法和 clear( )方法删除字典中的元素,下面分别进行介绍。

(1)del 语句

del 语句用来删除整个字典或字典中的某个元素,例如:

```
>>> dict1 = {1: "one", 2: "two", 3: "three", 4: "four"}
>>> del dict1[3]
>>> dict1
{1:'one', 2:'two', 4:'four'}
>>> del dict1
>>> dict1
Traceback (most recent call last):
    File "<stdin>", line 1, in <module>
NameError: name 'dict1' is not defined
```

(2)pop( )方法

pop( )方法用来删除字典给定键所对应的值,返回值为被删除的值。语法格式如下:

```
pop(key[,default])
```

其中,key 为要删除的值对应的键,必须要指明,如果 key 不在字典中,则返回指定值

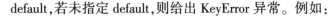

default,若未指定 default,则给出 KeyError 异常。例如:

```
>>> dict1 = {1: "one", 2: "two", 3: "three", 4: "four"}
>>> dict1.pop(3) # 存在键 3,返回其对应的值
'three'
>>> dict1 # 键 3 对应的值删除成功
{1: 'one', 2: 'two', 4: 'four'}
>>> dict1.pop(3,"No key") # 不存在键 3,返回指定值"No key"
'No key'
>>> dict1.pop(3) # 未指定值,给出 KeyError 异常
Traceback (most recent call last):
  File "<stdin>", line 1, in <module>
KeyError: 3
```

（3）popitem( )方法

因为字典元素本身是无序的,没有所谓的"第一项""最后一项",所以,popitem( )方法可以随机删除字典中的元素,语法格式如下:

```
popitem()
```

若删除成功,则返回该元素键值对组成的元组,如果字典为空,则给出 KeyError 异常,例如:

```
>>> dict1 = {1: "one", 2: "two"}
>>> dict1.popitem()
(2, 'two')
>>> dict1.popitem()
(1, 'one')
>>> dict1
{}
>>> dict1.popitem()
Traceback (most recent call last):
  File "<stdin>", line 1, in <module>
KeyError: 'popitem(): dictionary is empty'
```

（4）clear( )方法

clear( )方法用于清空字典中的所有元素,例如:

```
>>> dict1 = {1: "one", 2: "two", 3: "three", 4: "four"}
>>> dict1.clear()
>>> dict1
{}
```

3. 字典的遍历

字典的遍历可以分为遍历字典的键、遍历字典的值和遍历字典的元素,接下来以字典 dict_demo 为例分别进行介绍。

```
dict_demo = { "春节":"正月初一", "元宵节":"正月十五", "中秋节":"八月十五"}
```

（1）遍历字典的键

通过 keys( )方法可以得到字典中所有的键,返回一个 dict_keys 对象,该对象支持迭代操作,通过 for 循环可以遍历输出字典中所有的键。例如:

```
>>> print(dict_demo.keys())
dict_keys(['春节', '元宵节', '中秋节'])
>>> for i in dict_demo.keys():
...      print(i)
...
春节
元宵节
中秋节
```

（2）遍历字典的值

通过 values( )方法可以得到字典中所有的值,返回一个 dict_values 对象,该对象支持迭代操作,通过 for 循环可以遍历输出字典中所有的值。例如:

```
>>> print(dict_demo.values())
dict_values(['正月初一', '正月十五', '八月十五'])
>>> for i in dict_demo.values():
...      print(i)
...
正月初一
正月十五
八月十五
```

（3）遍历字典的元素

通过 items( )方法可以得到字典中所有的元素,返回一个 dict_items 对象,该对象支持迭代操作,通过 for 循环可以遍历输出字典中所有的元素,以(key,value)的形式显示。例如:

```
>>> print(dict_demo.items())
dict_items([('春节', '正月初一'), ('元宵节', '正月十五'), ('中秋节', '八月十五')])
>>> for i in dict_demo.items():
...      print(i)
...
('春节', '正月初一')
('元宵节', '正月十五')
('中秋节', '八月十五')
```

（4）遍历字典的键值对

通过 items( )方法返回一个 dict_items 对象,里面的每个元素都是元组,元组中元素是键与值,通过 for 循环可以遍历输出字典中所有的键值对。例如:

```
>>> for i,j in dict_demo.items():
...      print("key = {}, value = {}".format(i,j))
...
```

```
key = 春节, value = 正月初一
key = 元宵节, value = 正月十五
key = 中秋节, value = 八月十五
```

5.4　字典与列表、元组的转换和比较

在介绍元组的时候,我们知道列表和元组可以相互转换,在 Python 中,字典与列表、元组也是可以相互转换的,具体方法如下所述。

5.4.1　字典与列表的转换

1. 字典到列表的转换

字典直接转列表只能将其中的键(key)提取出来形成一个列表,而字典中的键和值需要分别获取,然后用 list 转为列表。例如:

```
>>> dict1 = {'1':'a','2':'b','3':'c'}
>>> list(dict1)  #字典转换为列表
['1','2','3']
>>> list(dict1.keys())  #字典中的 key 转换为列表
['1','2','3']
>>> list(dict1.values())  #字典中的 value 转换为列表
['a','b','c']
```

2. 列表到字典的转换

列表不能直接使用 dict 转换成字典,常用下述两种方法完成列表到字典的转换。

(1)使用嵌套

可以使用列表当中嵌套列表或元组的方式实现列表到字典的转换,例如:

```
>>> list1 = ['1','a']
>>> list2 = ['2','b']
>>> list3 = ['3','c']
>>> print(dict([list1,list2,list3]))  #列表嵌套列表
{'1':'a','2':'b','3':'c'}
```

需要注意的是,嵌套列表的元素只能是两个,自动组合成键值对。

(2)使用 zip( )函数

zip( ) 函数用于将可迭代的对象作为参数,将对象中对应的元素打包成一个个元组,然后返回由这些元组组成的列表。需要注意的是,如果各个迭代器的元素个数不一致,则返回列表长度与最短的对象相同。

```
>>> key1 = ['1','2','3','4']
>>> value1 = ['a','b','c']
>>> dict1 = dict(zip(key1,value1))
>>> dict1
{'1':'a','2':'b','3':'c'}
```

上述代码中,zip(key1,value1)返回的是一个由若干个元组组成的列表,也就是说,这里实际上还是使用了嵌套的方式来实现列表到字典的转换。

5.4.2 字典与元组的转换

1. 字典到元组的转换

字典直接转元组和字典直接转列表一样,只能将其中的键(key)提取出来形成一个元组,而字典中的键和值需要分别获取,然后用 tuple 转为元组。例如:

```
>>> dict1 = {'1':'a','2':'b','3':'c'}
>>> tuple(dict1)  #字典转换为元组
('1','2','3')
>>> tuple(dict1.keys())  #字典中的 key 转换为元组
('1','2','3')
>>> tuple(dict1.values())  #字典中的 value 转换为元组
('a','b','c')
```

2. 元组到字典的转换

类似于列表转换成字典,元组到字典的转换也可以使用嵌套或用 zip( )函数过渡,然后再用 dict 转换。例如:

```
#使用嵌套实现元组到字典的转换
>>> tuple1 = ('1','a')
>>> tuple2 = ('2','b')
>>> tuple3 = ('3','c')
>>> print(dict((tuple,tuple,tuple)))  #元组嵌套元组
{'1':'a','2':'b','3':'c'}
#使用 zip()函数实现元组到字典的转换
>>> key1 = ('1','2','3','4')
>>> value1 = ('a','b','c')
>>> dict1 = dict(zip(key1,value1))
>>> dict1
{'1':'a','2':'b','3':'c'}
```

5.4.3 字典与列表、元组的比较

列表、元组和字典都是 Python 中的组合数据类型,它们都拥有不同的特点,下面分别从可变性、唯一性和有序性三个特点进行比较,它们的区别见表 5-4。

表5-4 列表、元组和字典的区别

类型	可变性	唯一性	有序性
列表	可变	可重复	有序
元组	不可变	可重复	有序
字典	可变	可重复	无序

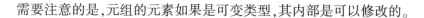

需要注意的是,元组的元素如果是可变类型,其内部是可以修改的。

三、项目实现

根据本项目要求,可以按照以下步骤来设计程序:
①定义一个列表 names,用于存储 12 名学生的姓名;
②定义一个空列表 teams,用于保存学习小组分组信息;
③将列表 names 中的元素随机排序;
④遍历列表 names,按每学习小组人数将学生信息添加到列表 teams 中;
⑤输出每个学习小组的学生信息。
具体实现代码如下:

```
1    import random   # 导入 random 模块
2    names = ["富强","民主","文明","和谐","自由","平等","公正","法治",
                "爱国","敬业","诚信","友善"]   # 定义姓名列表
3    random.shuffle(names)   #  随机排序
4    m = 3   # 分组个数
5    n = int(len(names)/m)   # 每小组人数
6    teams = []   # 创建分组列表
7    for i in range(0,len(names),n):   # 遍历姓名列表,进行分组
8        teams.append(names[i:i+n])
9    print("分组列表为:",teams)
10   for i in range(0,len(teams)):   # 遍历嵌套列表,打印每学习小组人员信息
11       print("第%d组名单:" % (i+1)   ,end = "")
12       for stu in teams[i]:
13           print(stu,end = "   ")
14        print()
```

上述代码中,第 3 行代码调用 random 模块的 shuffle( )方法将列表 names 的所有元素随机排序,实现了分组的随机性。第 7 行和第 8 行代码使用嵌套列表保存每个学习小组的列表信息。项目的运行结果如图 5 - 12 所示。

图 5 - 12　项目运行结果

四、项目总结

本项目主要介绍了两种序列类型——列表和元组,以及一种映射类型——字典。其中,列

表主要讲解了如何创建列表以及对列表元素进行访问、循环遍历、增删改查、排序、嵌套等操作;元组主要讲解了如何创建元组以及元组的基本操作,包括元组元素的访问、遍历、修改、删除和常用内置函数的操作;字典主要讲解了字典的创建、字典键和值的获取以及字典的增删改查、遍历等操作。通过本项目的学习,希望大家可以掌握这三种类型各自的特点,在后续开发过程中,可以熟练选择合适的类型对数据进行操作。

五、项目拓展

1. 编写程序,删除列表中的重复元素。

2. 商品价格区间设置并排序。随着互联网与电子商务技术的快速发展,网购已经成为人们日常生活的一个重要部分。面对网上琳琅满目的商品,应该怎样快速选择适合自己的商品呢? 为了能够快速定位所需商品,每个电商购物平台都提供价格排序与设置价格区间功能。假设现在某平台共有 10 件商品,每件商品对应的价格见表 5 – 5。

表 5 – 5　某购物平台商品价格

序号	价格/元	序号	价格/元
1	158	6	521
2	69	7	608
3	799	8	389
4	106	9	247
5	220	10	5 866

现要求用户根据提示"请输入最高价格:"和"请输入最低价格:"分别输入最高价格和最低价格,选定符合自己需求的价格区间,并按照提示:

"1. 价格降序排序(换行)

　2. 价格升序排序(换行)

　请选择排序方式:"

输入相应的序号,程序根据用户输入将排序后的价格区间内的价格全部输出。

3. 模拟购物车。要求用户使用嵌套列表保存几种商品的名称和价格,然后根据用户输入的所带金额选择相应序号的商品,如果大于商品的价格,则放入购物车,否则,显示提示信息并让用户重新选择,依此类推,直到用户购物完毕(输入 q)为止,最后显示用户的购物车商品信息。运行结果如图 5 – 13 所示。

4. 编写程序,使用元组实现将输入的阿拉伯数字转为中文大写数字的功能。

5. 单词识别。要求编写程序,实现根据第一个或前两个字母输出周一到周日的完整英文的功能。

6. 编写程序,由用户输入一个日期(年月日),求输入的日期是这一年的第几天。

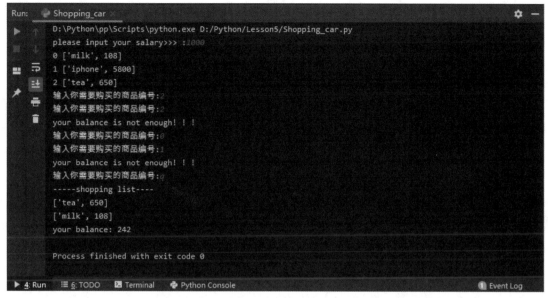

图 5-13　模拟购物车运行结果

六、课后习题

1. 单选题

(1) Python 语句 print(type([1,2,3,4])) 的输出结果是(　　　)。

A. < class 'tuple'>　　　　　　　B. < class 'dict'>

C. < class 'set'>　　　　　　　　D. < class 'list'>

(2) Python 语句

```
a = [1,2,3,None,[[]],[]]
print(len(a))
```

的运行结果是(　　　)。

A. 4　　　　　　　B. 5　　　　　　　C. 6　　　　　　　D. 7

(3) 在 Python 中, 有

```
s = ['a','b']
s.append([1,2])
s.insert(1,7);
```

执行以上代码后, s 值为(　　　)。

A. ['a', 7, 'b', 1, 2]　　　　　　B. [[1, 2], 7, 'a','b']

C. [1, 2,'a',7,'b']　　　　　　　D. ['a', 7,'b',[1, 2]]

(4) 下列函数中, 用于返回元组中元素最小值的是(　　　)。

A. len　　　　B. max　　　　C. min　　　　D. tuple

(5) Python 语句

```
print(type((1,2,3,4)))
```

的运行结果是(　　　)。

A.　< class ' tuple ' >　　　　　　　　B.　< class ' dict ' >

C.　< class ' set ' >　　　　　　　　　D.　< class ' list ' >

(6)Python 内置函数(　　　)可以返回列表、元组、字典、集合、字符串以及 range 对象中元素个数。

A.　type( )　　　　B.　index( )　　　　C.　len( )　　　　D.　count( )

(7)字典的(　　　)方法返回字典的"键"列表。

A.　keys( )　　　　B.　key( )　　　　C.　values( )　　　　D.　items( )

(8)字典对象的(　　　)方法返回字典的"值"列表。

A.　keys( )　　　　B.　key( )　　　　C.　values( )　　　　D.　items( )

(9)下列选项中,正确定义了一个字典的是(　　　)。

A.　a = [' a ' ,1, ' b ' ,2, ' c ' ,3]　　　　　　B.　b = (' a ' ,1, ' b ' ,2, ' c ' ,3)

C.　c = { ' a ' ,1, ' b ' ,2, ' c ' ,3}　　　　　　D.　d{ ' a ' :1, ' b ' :2, ' c ' :3}

(10)关于 Python 中的列表,下列描述中错误的是(　　　)。

A.　Python 列表是包含 0 个或者多个对象引用的有序序列

B.　Python 列表用方括号[ ]表示

C.　Python 列表是一个可以修改数据项的序列类型

D.　Python 列表的长度是不可变的

(11)以下对 s. index(x)的描述中,正确的是(　　　)。

A.　返回序列 s 中序号为 x 的元素

B.　返回序列 s 中 x 的长度

C.　返回序列 s 中元素 x 所有出现位置的序号

D.　返回序列 s 中元素 x 第一次出现的序号

(12)给定字典 d,以下对 d. values( )的描述正确的是(　　　)。

A.　返回一种 dict_values 类型,包括字典 d 中的所有值

B.　返回一个集合类型,包括字典 d 中的所有值

C.　返回一个列表类型,包括字典 d 中的所有值

D.　返回一个元组类型,包括字典 d 中的所有值

(13)执行下面的操作后,list_two 的值为(　　　)。

```
list_one = [4,5,6]
list_two = list_one
list_one[2] = 3
```

A.　[4,5,6]　　　　B.　[4,3,6]　　　　C.　[4,5,3]　　　　D.　A,B,C 都不正确

(14)下列方法中,默认删除列表最后一个元素的是(　　　)。

A.　del　　　　　B.　remove( )　　　　C.　pop( )　　　　D.　extend( )

(15)下列方法中,不能删除字典中元素的是(　　　)。

A. clear( )　　　　B. remove( )　　　　C. pop( )　　　　D. popitem( )

2. 判断题

(1)列表的元素可以做增加、修改、排序、反转等操作。　　　　　　　　　　　　(　　)

(2)列表是不可变数据类型。　　　　　　　　　　　　　　　　　　　　　　　　(　　)

(3)列表的嵌套是指列表的元素是另一个列表。　　　　　　　　　　　　　　　　(　　)

(4)通过索引可以修改和访问元组的元素。　　　　　　　　　　　　　　　　　　(　　)

(5)元组是不可变的,不支持列表对象的 inset( )、remove( )等方法,也不支持 del 命令删除其中的元素,但可以使用 del 命令删除整个元组对象。　　　　　　　　　　　　(　　)

(6)元组的访问速度比列表要快一些,如果定义了一系列常量值,并且主要用途仅仅是对其进行遍历而不需要进行任何修改,建议使用元组而不使用列表。　　　　　　　　(　　)

(7)只能对列表进行切片操作,不能对元组和字符串进行切片操作。　　　　　　　(　　)

(8)字符串属于 Python 有序序列,和列表、元组一样,都支持双向索引。　　　　　(　　)

(9)Python 支持使用字典的"键"作为索引来访问字典中的值。　　　　　　　　　(　　)

(10)列表和元组都可以作为字典的"键"。　　　　　　　　　　　　　　　　　　(　　)

(11)字典的"键"必须是不可变的,不允许重复,是唯一的。　　　　　　　　　　(　　)

(12)当以指定"键"为下标给字典对象赋值时,若该"键"存在,则表示修改该"键"对应的"值",若不存在,则表示为字典对象添加一个新的键/值对。　　　　　　　　　　　(　　)

(13)reverse( )方法用于将列表的元素按照从大到小的顺序排列。　　　　　　　　(　　)

(14)列表只能存储同一类型的数据。　　　　　　　　　　　　　　　　　　　　(　　)

(15)字典中如果同一个键被赋值多次,以第一个值作为键值。　　　　　　　　　　(　　)

3. 填空题

(1)Python 语句如下:

```
s1 =[1,2,3,4]
s2 =[5,6,7]
print(len(s1 + s2))
```

以上代码的运行结果是＿＿＿＿＿＿＿＿＿＿。

(2)Python 语句 s =' abcdefg',则 s[: : -1]的值是＿＿＿＿＿＿＿＿＿＿。

(3)表达式[1,2,3]＊3 的执行结果为＿＿＿＿＿＿＿＿＿＿。

(4)如果要对列表进行升序排列,则可以使用＿＿＿＿＿＿＿＿方法实现。

(5)元组使用＿＿＿＿＿＿存放元素,列表使用的是方括号存放元素。

(6)列表、元组、字符串是 Python 的＿＿＿＿＿＿＿序列,＿＿＿＿＿＿是无序序列。

(7)任意长度的 Python 列表、元组和字符串中最后一个元素的索引为＿＿＿＿＿＿。

(8)Python 语句

```
print(tuple([1,2,3]))
```

的运行结果是＿＿＿＿＿＿＿＿。

（9）字典的_____方法返回字典中的"键/值对"列表。

（10）字典中多个元素之间使用_____（符号）分隔开，每个元素的"键"与"值"之间使用_____分隔开。

（11）字典对象的_____方法可以获取指定"键"对应的"值"，并且可以在指定"键"不存在的时候返回指定值，如果不指定，则返回 None。

（12）语句 x = (3,)，执行后 x 的值为_____，是_____类型数据；语句 x = (3)，执行后 x 的值为_____，是_____类型数据。

（13）在列表中查找元素可以使用_____和 in 运算符。

（14）Python 中可以使用_____函数将列表转换为元组。

（15）Python 中 zip( ) 函数的功能是_____。

项目六

代码复用

一、项目分析

(一)项目描述

在前面的项目节中学习过了列表,假若有多个列表,例如:[1,2,3,4,5,6,7]、[4,5,6,7,8,9,10]等,在写代码的过程中需要反复地运算两个不同列表之间的交集、并集、差集、补集,需要怎么设计代码呢?以求交集为例,求两个列表之间的交集的操作,跟换两个列表再求交集的操作是一样的,只是列表不一样了而已,那么像这种操作完全相同或者相似,仅仅是要处理的数据不同的情形,常用的方法是设计和编写函数。

现要求编写一个程序,实现求不同列表的交集、并集、差集、补集。

(二)项目目标

1. 掌握函数的定义和调用。

2. 掌握函数的参数的传递。

3. 掌握函数的嵌套调用和递归调用的方法。

4. 掌握变量作用域。

5. 能够编写简单的函数解决问题。

(三)项目重点

1. 函数的定义与调用。

2. 函数的参数传递。

3. 变量的作用域。

4. 根据实际问题写出函数代码。

二、项目知识

在程序开发中,假如某段代码需要多次使用,那么这段代码就需要复制多次,这样的做法非常不利于开发,也是不可取的。对于这种问题,可以考虑将这些代码抽取成一个函数。那么什么是函数呢?简单地说,函数是带名字的代码块,用于完成具体的工作,在需要使用的时候,调用即可。这样不仅可以提高代码的重用性,而且条理会更加清晰。本项目将对函数的创建与调用、函数的参数、变量的作用域、匿名函数和递归函数进行介绍,主要知识框架如图 6 – 1 所示。

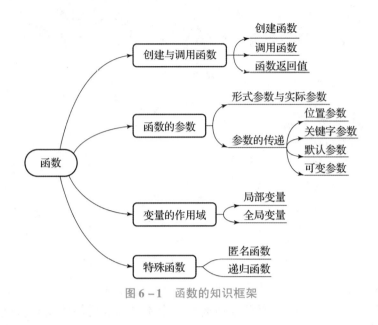

图 6-1 函数的知识框架

6.1 **创建与调用函数**

6.1.1 创建函数

在前面的学习中其实已经用过很多次函数,例如输出的 print( )函数、用于输入的 input( )函数,这些都属于 Python 的内置的标准函数,可以直接使用。除了标准函数外,Python 还支持自定义函数。

在 Python 中使用 def 关键字创建函数,语法格式如下:

```
def functionname([parameterlist]):
    ['''comments''']
    [functionbody]
```

其中:

①functionname:函数名称。

②parameterlist:可选参数。多个参数中间使用逗号","分隔,若无参数,调用时也不需要指定参数。

③comments:可选参数,为函数写明注释,内容一般为函数的功能、参数的作用等,起到友好提示与帮助的作用。

④functionbody:可选参数,为函数体,在函数被调用后要执行的功能代码。若函数有返回值,使用 return 语句返回。

需要注意的是,函数体"functionbody"与"comments"相对于 def 关键字必须保持一定的缩进。

下面是一个打印输出简单问候语的函数:

```
def say_hello():
    '''打印输出简单的问候语'''
    print("Hello!")
```

通过定义函数的形式将功能封装起来,可以实现程序设计的模块化。模块本质上就是.py 结尾的 Python 文件,Python 本身内置了很多有用的模块。如果要使用某个模块的功能,必须用 import 关键字来导入该模块,基本格式为:

```
import module1,module2…
```

如果要调用某个模块的函数,必须这样引用:

```
模块名.函数名
```

例如要计算 x^y,需要调用 math 模块中的 pow( )函数,代码如下:

```
import math
math.pow(x,y)
```

许多时候自己定义的函数,需要经常调用时,就可以定义一个模块,将常用的函数写入模块中,下次使用常用函数时直接导入模块,就可以使用函数。

6.1.2 调用函数

调用函数也就是执行函数。调用函数的基本语法格式如下:

```
functionname([parametersvalue])
```

其中,functionname 为函数名称,调用之前需要将函数创建好。parametersvalue 为可选参数,用来指定各参数的值。若需要传递多个参数值,各参数值之间使用",",隔开。若没有参数,则直接写一对小括号,括号内不需要写参数值。

像上面 say_hello( )的函数,调用的方式为 say_hello( ),运行结果为:

```
Hello!
```

6.1.3 函数返回值

上面定义的 say_hello( )函数,只是输出一行信息,做完为止,但是实际上,有时需要将任务的结果进行返回。为函数设置返回值就是将函数处理结果返回给调用它的程序。在 Python 中,可以在函数体内使用 return 语句为函数指定返回值,该返回值可以是任意类型,并且无论 return 语句出现在函数的什么位置,只要执行到 return 语句,函数执行就会结束。

return 语句的语法格式为:

```
return [value]
```

其中,value 为可选参数,用于指定要返回的值,这里可以返回一个值,也可以返回多个值。在调用函数时,可以将它赋给一个变量,例如赋给 result,用于保存函数的返回结果。假若返回一个值,那么 result 中保存的就是返回的一个值,假若返回多个值,那么 result 中保存的将是一个元组。另外,当函数没有 return 语句时,默认返回的是 None,即返回空值。

【例1：Exam6 – 1. py】函数的返回值举例。

这里定义一个名称为 pay_bill( )的函数,函数中计算合计金额和相应的折扣金额,并将之返回。代码如下:

```
1   def pay_bill():
2       list_money =[]
3       while True:
4           inmoney = float(input("请输入商品金额,输入0表示输入结束："))
5           if int(inmoney) ==0:
6               break
7           else:
8               list_money.append(inmoney)
9       money_old = sum(list_money)    # 通过 sum()计算合计金额
10      if 500 < =money_old <1000:    # 满500享受9折优惠
11          money_new ='{:.2f}'.format(money_old *0.9)
12      if 1000 < =money_old <2000:    # 满1000享受8折优惠
13          money_new ='{:.2f}'.format(money_old *0.8)
14      if 2000 < =money_old <3000:    # 满2000享受7折优惠
15          money_new ='{:.2f}'.format(money_old *0.7)
16      if money_old > =3000:    # 满3000享受6折优惠
17          money_new ='{:.2f}'.format(money_old *0.6)
18      return money_old,money_new
19  print('\n 开始结算……\n')
20  money =pay_bill()
21  print('合计金额为：',money[0],'应付款：',money[1])
```

程序运行结果如图6–2所示。

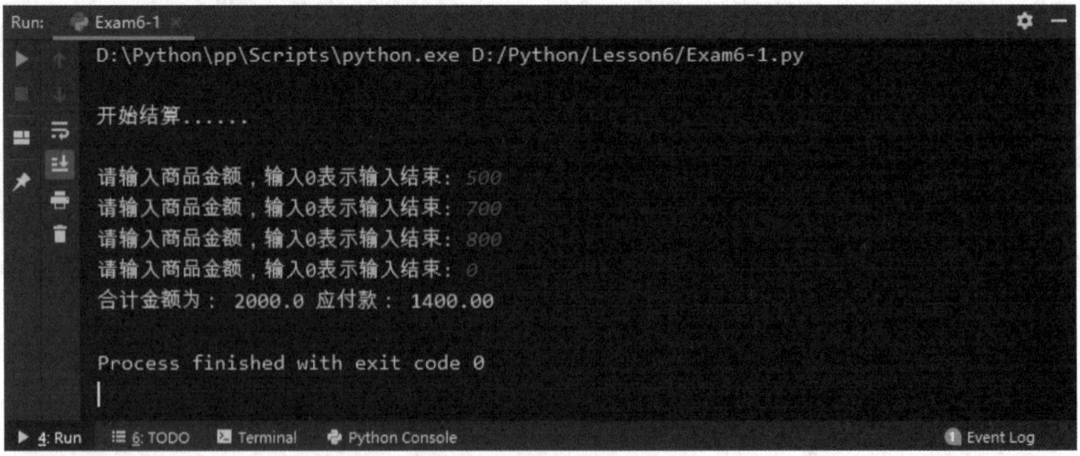

图6–2　运行结果

6.2 函数的参数

函数参数的作用是传递数据给函数使用,函数接收到数据后,根据具体代码进行操作处理。

6.2.1 形式参数与实际参数

在使用函数时,经常会用到形式参数和实际参数,二者都称为参数,这里对上面的 say_hello( )这个函数进行改造。

【例2:Exam6 - 2. py】函数的参数举例。

```
1    def say_hello(name):
2        '''打印输出简单的问候语'''
3        print("Hello!" + name + "!")
4    say_hello("David")
```

运行程序,运行结果如图6 - 3所示。

图6 - 3   运行结果

在上述程序中,函数定义 say_hello( )括号内加入参数 name。在函数调用的时候,就可以给参数 name 指定一个值:say_hello("David")。其中,变量 name 是一个形式参数,也可以称为形参,代表着函数完成其工作所需要的信息。代码 say_hello("David")中,"David"是一个实际参数,也可以称为实参,实参代表着在函数调用时传递给函数的信息。在调用函数时,将要让函数使用的信息放在括号内。在 say_hello("David")中,将实参"David"传递给了 say_hello( ),这个值被保存在形参 name 中。

根据实际参数的类型不同,可以将实际参数的值传递给形式参数,也可以将实际参数的引用传递给形式参数。区别在于,当实际参数为不可变对象时,进行的是值传递;当实际参数为可变对象时,进行的是引用传递。也可以从另外一个角度理解值传递和引用传递的区别,当进行值传递时,改变形式参数的值,实际参数的值不变;当进行引用传递时,改变形式参数的值,实际参数的值是随之改变的。

【例3:Exam6 - 3. py】参数的值传递与引用传递举例。

```
1    # 函数定义
2    def funcdemo(param):
3        print("原始参数值为:", param)
4        param += param
```

```
5      # 调用函数
6      print("-" * 27 + "值传递" + "-" * 27)
7      # 字符串类型为不可变对象类型
8      str1 = "我爱学 python!"
9      print("调用函数前:", str1)
10     funcdemo(str1)
11     print("调用函数后:", str1)
12     print("-" * 26 + "引用传递" + "-" * 26)
13     # 列表为可变对象类型
14     list1 = ['张三', '李四', '王五']
15     print("调用函数前:", list1)
16     funcdemo(list1)
17     print("调用函数后:", list1)
```

运行程序,运行结果如图 6 -4 所示。

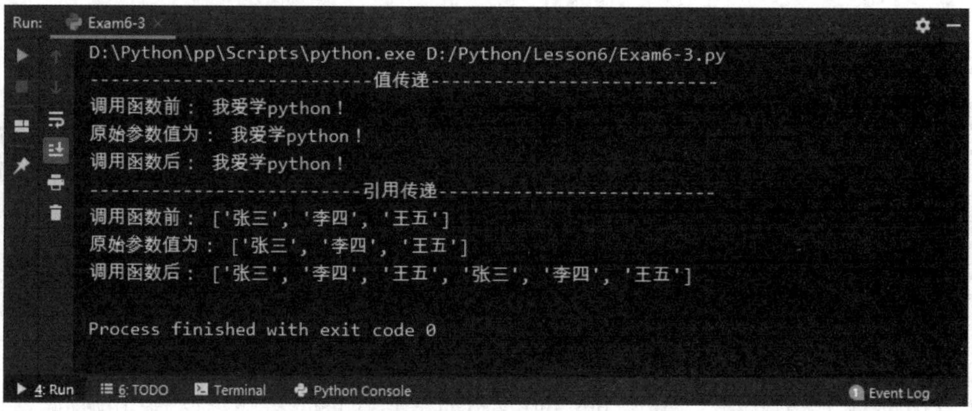

图 6 -4　运行结果

在上述程序中,定义名为 funcdemo 的函数,然后传递一个字符串类型的变量作为参数,字符串类型的变量为不可变对象类型,所以这是值传递,在调用函数前后分别输出查看该字符串变量。然后再为 funcdemo 函数传递一个列表类型的变量,列表为一种可变对象类型,所以这是引用传递。

从上面的执行结果中看出,在进行值传递时,改变形式参数的值后,实际参数的值不改变;而引用传递时,改变形式参数的值之后,实际参数的值也发生改变。

6.2.2　参数的传递

在定义函数时,可能包含多个形参,因此函数调用中也可能包含多个实参。函数的参数传递是指将实际参数传递给形式参数的过程,根据不同的传递形式,函数的参数可分为位置参数、关键字参数、默认参数和可变参数。

【例 4:Exam6 -4. py】参数传递举例。

这里定义一个函数名为 get_body_fat_ratio( )的函数,用来计算人体的体脂率。体脂率是指人体内脂肪重量在人体总体重中所占的比例,又称体脂百分数,它反映人体内脂肪含量的多少。

```
1    def get_body_fat_ratio(Name, Height, Weight, Age, Sex):
2        '''
3        计算人体体脂率
4        :param Height: 身高,单位:米
5        :param Weight: 体重,单位:千克
6        :param Age: 年龄,单位:岁
7        :param Sex: 性别:男:1,女:0
8        '''
9        Height = float(Height)
10       Weight = float(Weight)
11       Age = int(Age)
12       Sex = int(Sex)
13       #  计算部分
14       #    体脂率计算公式
15       #    BMI = 体重(kg) /(身高 * 身高)(米)
16       #    体脂率 = 1.2 * BMI + 0.23 * 年龄 - 5.4 - 10.8 * 性别(,)
17       #    男性15% -18% ,女性25% -28%  合格
18       BMI = Weight /(Height * Height)
19       percentage = 1.2 * BMI + 0.23 * Age - 5.4 - 10.8 * Sex
20       print("您好" + str(Name) + ",您的体脂率为:" + str(percentage))
21   get_body_fat_ratio("小李", 1.71, 72, 40, 1)
```

在 get_body_fat_ratio( ) 函数中,Name、Height、Weight、Age、Sex 是形式参数。在函数调用时,"小李",1.71,72,40,1 是实际参数,这些值将被传递给对应的形式参数。

1. 位置参数

调用函数时,Python 必须将函数调用中的每个实参都关联到函数定义中的一个形参。位置参数也称必备参数,是必须按照正确的顺序传到函数中,调用时的数量和位置必须和定义时的一致,否则将会抛出 TypeError 异常。

①数量必须与定义的保持一致。

如上述 get_body_fat_ratio( )函数,假设少传递一个参数:

```
get_body_fat_ratio("小李", 1.71, 72, 40)
```

函数调用后的结果如图 6 - 5 所示,抛出 TypeError 的异常,指的是 get_body_fat_ratio( ) 函数缺少一个必要的位置参数。

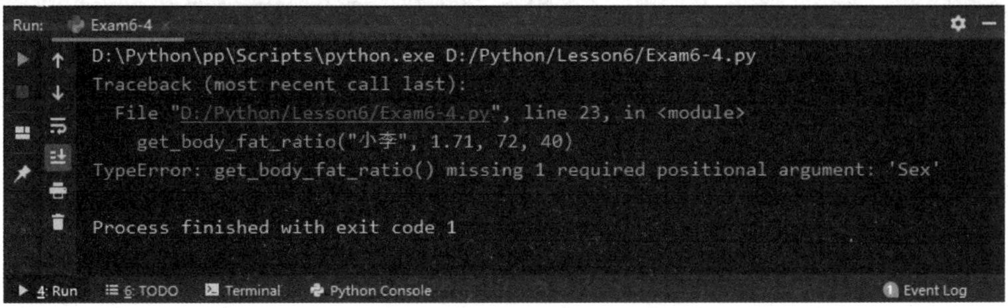

图 6 - 5　运行结果

②位置必须与定义保持一致。

假若实际参数的位置与形式参数的位置不一致,将会导致两种结果。

第一种为函数产生的结果与预期的不符,这里将函数调用 gct_body_fat_ratio("小李",1.71,72,40,1)中的身高和体重调换一下位置,例如:

```
get_body_fat_ratio("小李",72,1.71,40,1)
```

运行结果如图 6 - 6 所示。

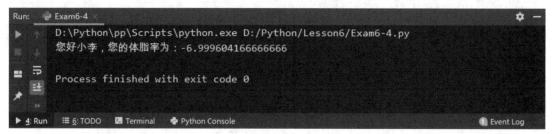

图 6 - 6　运行结果

从结果可以看出,函数调用后并没有抛出异常,但是得到的结果与预期结果差距是非常大的。

第二种为可能抛出 ValueError 的异常,这里将函数调用 get_body_fat_ratio("小李",1.71,72,40,1)中的名字和身高调换一下位置,例如:

```
get_body_fat_ratio(1.71,"小李",72,40,1)
```

运行结果如图 6 - 7 所示。

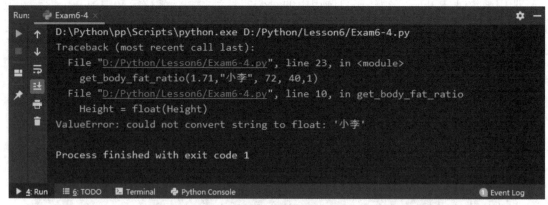

图 6 - 7　运行结果

从结果可以看出,函数调用后抛出 ValueError 的异常,主要是传递的浮点型数值不能与字符串进行转换操作。

2. 关键字参数

关键字参数是指写明形式参数的名字确定输入的参数值。关键字参数传递通过"形式参数 = 实际参数"的格式将实际参数与形式参数相关联,根据形式参数的名称进行参数传递。例如:

```
get_body_fat_ratio(Name ="小李",Weight =72,Age =40,Sex =1,Height =1.71)
```

这样,在函数调用时,使用关键字参数将名称和值关联起来了,关键字参数可以不考虑实参的顺序,清楚地指出了函数调用中各个值的用途。

运行结果如图6－8所示。

图6－8　运行结果

3. 默认参数

在调用函数时,如果没有指定某个参数,将抛出异常,为了解决这个问题,可以在函数定义时为形式参数指定默认值。这样,当没有传入参数时,则直接使用函数定义时设置的默认值。若给还有默认值的形式参数传值,则实际参数的值会覆盖默认值。

这里需要注意的是,指定默认值的形式参数必须写在所有参数的最后,否则将会产生语法错误。另外,默认参数必须指向不可变对象。

对上述 get_body_fat_ratio() 函数进行改造,对参数 Sex 设置了默认值,如下所示:

```
def get_body_fat_ratio(Name,Height,Weight,Age,Sex =1)
```

若是没有传递 Sex 的值,将使用函数定义时的默认值。例如:

```
get_body_fat_ratio(Name ="小李",Height =1.71,Weight =72,Age =40)
```

运行结果如图6－9所示。

图6－9　运行结果

若是在调用函数时传递了 Sex 的值,那么将使用实际传递的实参值,例如:

```
get_body_fat_ratio(Name ="小李",Height =1.71,Weight =72,Age =40 Sex =0)
```

运行结果如图6－10所示。

在 Python 中可以使用"函数名.__defaults__"查看函数的默认值参数的当前值,结果为一个元组。例如:

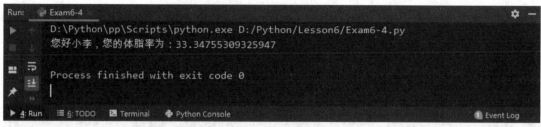

图 6 – 10　运行结果

```
print(get_body_fat_ratio.__defaults__)
```

运行结果如图 6 – 11 所示。

图 6 – 11　运行结果

4. 可变参数

若要传入函数中的参数的个数不确定,可以使用可变参数,此种参数接收参数的数量可以任意改变。基本语法格式如下:

```
def functionname([parameterlist], *args, **kwargs):
    ['''comments''']
    [functionbody]
```

其中,参数 *args 和参数 **kwargs 都是可变参数,这两个参数可以搭配使用,也可以单独使用。下面分别介绍这两个可变参数的用法。

（1） *args

这种形式的可变参数表示接收任意多个位置参数,调用函数时传入的所有参数被 *args 接收后,以元组的形式保存。

例如,定义一个包含参数 *args 的函数 like_sports( ),代码如下:

```
def like_sports(*args):
    print("我喜欢的运动有:")
    print(args)
```

调用 like_sports( )函数:

```
like_sports("打篮球")
like_sports("打羽毛球","游泳")
like_sports("打乒乓球","踢毽子","跑步")
```

运行结果如图 6 – 12 所示。

图 6 - 12　运行结果

（2）**kwargs

这种形式的可变参数表示接收任意多个关键字参数,调用函数时,传入的所有参数被**kwargs 接收后以字典的形式保存。

例如,定义一个包含参数 *kwargs 的函数 like_fruit( ),代码如下:

```
def like_fruit( * * fruits):
    print(fruits)
    print(" - " * 40)
    for key, value in fruits.items():
        print('[' + key + ']喜欢的水果是:' + value)
```

调用 like_fruit( )函数:

```
like_fruit(张三 ='苹果', 李四 ='香蕉')
```

运行结果如图 6 - 13 所示。

图 6 - 13　运行结果

6.3　变量的作用域

变量的作用域就是指变量的作用范围。按照变量的作用域,可以将变量分为局部变量和全局变量。

6.3.1　局部变量

局部变量是指在函数内部定义并使用的变量,它只在函数内部有效。即函数内部的名字只在函数运行时才会创建,在函数运行之前或者运行完毕之后,所有的名字就都不存在了。所以,如果在函数外部使用函数内部定义的变量,就会抛出 NameError 异常。

【例 5:**Exam6 – 5. py**】局部变量举例。

定义一个名称为 demo 的函数,在该函数内部定义一个变量 str1(称为局部变量),并为其赋值,然后输出该变量,最后在函数体外部再次输出 str1 变量。代码如下:

```
1   def demo():
2       str1 ='我爱学 python! '
3       print('局部变量 str1 =',str1)
4   demo()
5   print('局部变量 str1 =',str1)
```

运行结果如图 6 – 14 所示。

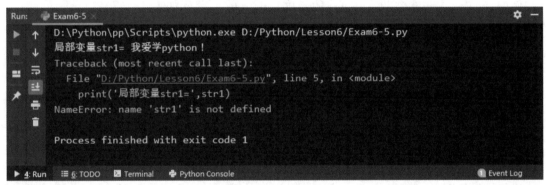

图 6 – 14　运行结果

从图 6 – 14 的运行结果可以看到,在函数外访问 str1 是访问不到的,当函数运行结束后,在该函数内部定义的局部变量被自动删除而不可访问。

6.3.2　全局变量

全局变量是在函数外定义的变量,它在程序中任何位置都可以被访问。

1. 全局变量的作用域从定义的位置到程序结束

【例 6:**Exam6 – 6. py**】全局变量作用域举例。

在函数外定义一个变量,那么这个变量不仅可以在函数外访问,也可以在函数内访问。代码如下:

```
1       str1 ='我爱学 python! '
2   def demo():
3       print('函数内访问 str1 =',str1)
4   demo()
5   print('函数外访问 str1 =',str1)
```

运行结果如图 6－15 所示。

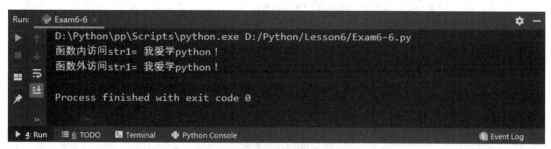

图 6－15　运行结果

需要注意的是,当局部变量与全局变量重名时,对函数体内的局部变量进行赋值后,不影响函数体外的全局变量的值。

例如:修改例 6 的代码,如下所示:

```
1    str1 ='我爱学 python!'
2    def demo():
3        str1 ='我非常喜欢学 python!'
4        print('函数内访问 str1 =',str1)
5    demo()
6    print('函数外访问 str1 =',str1)
```

运行结果如图 6－16 所示。

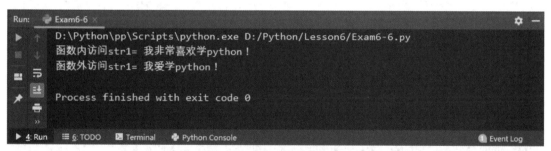

图 6－16　运行结果

2. 不能在函数内部修改不可变全局变量,否则将给出 UnboundLocalError 异常

【例 7：Exam6－7. py】修改不可变全局变量举例。

```
1    number = 10
2    def demo():
3        number += 100
4        print('函数内访问 number =',number)
5    demo()
6    print('函数外访问 number =',number)
```

运行结果如图 6－17 所示。

第 3 行代码试图修改不可变全局变量 number 的值,运行程序将给出 UnboundLocalError 异常,提示变量 number 是局部变量。

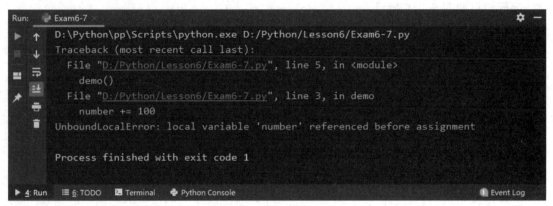

图 6-17　运行结果

3. 若要在函数内部修改不可变全局变量的值,需要在函数内使用 global 关键字进行声明

例如:修改例 7 的代码,如下所示:

```
1    number = 10
2    def demo():
3        global number
4        number += 100
5        print('函数内访问 number =',number)
6    demo()
7    print('函数外访问 number =',number)
```

运行结果如图 6-18 所示。

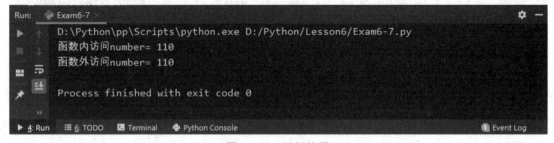

图 6-18　运行结果

上述代码中,使用关键字 global 将变量 number 声明成全局变量之后,就可以在函数内部对其进行修改。

虽然 Python 允许全局变量和局部变量重名,但是实际开发中要尽量避免这种情况,因为这样容易使代码混乱,代码可读性差,难以分清哪些是全局变量,哪些是局部变量。

6.4　特殊函数

Python 中支持两种特殊形式的函数,即匿名函数和递归函数。

6.4.1　匿名函数

匿名函数是指没有名字的函数,如果函数体的语句可以用表达式表示,并且表达式的值就是函数返回值,那么这样的函数可以使用更简单的匿名函数。通常情况下,这样的函数只使用一次。在 Python 中,使用 lambda 表达式创建匿名函数,其语法格式如下:

```
result = lambda[arg1[,arg2,…,argn]]:expression
```

其中,result 用于调用 lambda 表达式;[arg1[,arg2,…, argn]]为可选参数,用于指定要传递的参数列表,多个参数间使用逗号","隔开;expression 为必选参数,用于指定一个实现具体功能的表达式,若有参数的情况下,那么表达式中将使用这些参数,并且表达式只能有一个,即只能返回一个值,同时不能出现其他非表达式的语句,例如 for、while 等。

匿名函数与普通函数主要有以下不同:

①普通函数需要使用函数名进行标识,而匿名函数不需要使用函数名进行标识。

②普通函数的函数体中可以有多条语句,而匿名函数只能是一个表达式。

③普通函数可以实现比较复杂的功能,而匿名函数实现的功能比较单一。

④普通函数可以被其他程序使用,而匿名函数不能被其他程序调用。

为了帮助大家更好地理解匿名函数,下面通过一个实例来具体演示。

【例 8:Exam6 - 8. py】匿名函数举例。

这里定义一个计算圆面积的函数,普通的写法如下:

```
1    import math
2    def get_circle_area(r):
3        result = math.pi * r * r
4        return result
5    r = 10
6    print('半径', r, '的圆的面积为:', get_circle_area(r))
```

运行结果如图 6 - 19 所示。

图 6 - 19　运行结果

使用 lambda 表达式对例 8 的代码进行修改,代码如下:

```
import math
r = 10
result = lambda r: math.pi * r * r
print('半径', r, '的圆的面积为:', result(r))
```

执行程序,运行结果和图 6 - 19 一样。从上述代码可以看出,lambda 表达式可以使代码量减少一些,但是使用 lambda 表达式时,需要定义一个变量,用于调用该 lambda 表达式,如上述代码中的 result。

6.4.2 递归函数

递归是一种把一个大型的复杂问题层层转化为一个与原问题相似,但规模较小的问题进行求解的方法。如果在一个函数中,直接或间接地调用函数自身,则称为函数的递归调用,实现递归调用的函数称为递归函数。递归函数只需要少量代码就可描述出解题过程所需的多次重复计算,大幅减少了程序的代码量。

在使用递归时,需要注意以下两点:

①递归公式:递归求解过程中的归纳项,用于处理原问题以及与原问题规律相同的子问题。

②递归出口:递归的终止条件,并给出递归终止时的处理方法,避免函数无限调用。

为了帮助大家更好地理解递归函数,下面通过一个实例来具体演示。

【例 9:Exam6 – 9. py】递归函数举例。

斐波那契数列是一个典型的递归函数的应用,斐波那契数列指的是这样一个数列:1、1、2、3、5、8、13、…这个数列前 2 项为 1,从第 3 项开始,每一项都等于前两项之和,即满足以下公式:

$$F(1) = 1, F(2) = 1, F(n) = F(n-1) + F(n-2)(n >= 3, n \in N)$$

打印斐波那契数列前 10 个数的代码如下:

```
1    def Fab(n):
2        if n == 1 or n == 2:
3            return 1
4        return Fab(n-1) + Fab(n-2)
5    for i in range(1,11):
6        print(Fab(i),end = " ")
```

运行结果如图 6 – 20 所示。

图 6 – 20　运行结果

接下来,以求第 5 个数为例,通过图来描述执行过程,如图 6 – 21 所示。

使用递归方式写代码的好处就是简洁易懂,同时也是最自然的一种写法。但是,通过图 6 – 21 就会发现,很多斐波那契数被重新计算了许多遍,因此,递归的效率是很低的,如果计算的 n 值非常大,那么就得花费很

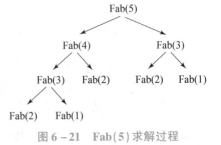

图 6 – 21　Fab(5)求解过程

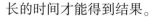

长的时间才能得到结果。

三、项目实现

本项目要求计算不同列表的交集、并集、差集、补集,可以使用函数来实现代码的复用。创建 4 个函数分别用于计算列表的交集、并集、差集、补集,写入模块 list_operation 中,然后导入模块,调用相应的函数。

模块 list_operation 代码如下:

```
# list_operation.py
# 求交集:返回一个新的列表,包括两个列表中的共同元素。
1    def jiaoji(list1, list2):
2        list3 =[]
3        for item in list1:
4            if item in list2:
5                list3.append(item)
6        return list3
# 求并集:返回一个新的列表,包括两个列表中的所有元素(不重复)。
7    def bingji(list1, list2):
8        list3 = []
9        list4 = list1 + list2
10       for item in list4:
11           if item not in list3:
12               list3.append(item)
13       return list3
# 求差集:返回一个新的列表,包括在第一个列表中而不在第二个列表中的元素(不重复)。
14   def chaji(list1, list2):
15       list3 = []
16       for item in list1:
17           if item not in list2 and item not in list3:
18               list3.append(item)
19       return list3
# 求补集:返回一个新的列表,包括两个列表中的非共同元素(不重复)。
20   def buji(list1, list2):
21       list3 = []
22       for item in list1 + list2:
23           if (item in list1 and item not in list2) or
                    (item in list2 and item not in list1):
24               if item not in list3:
25                   list3.append(item)
26       return list3
```

项目代码如下:

```
1    import List_operation
2    print("列表的交集是:",
         List_operation.jiaoji([1,2,3,3,4,5,6],[4,5,6,7,8,9]))
3    print("列表的并集是:",
         List_operation.bingji([1,2,3,3,4,5,6],[4,5,6,7,8,9]))
```

```
4    print("列表的差集是:",
         List_operation.chaji([1,2,3,3,4,5,6],[4,5,6,7,8,9]))
5    print("列表的补集是:",
         List_operation.buji([1,2,3,3,4,5,6],[4,5,6,7,8,9]))
```

执行程序,运行结果如图 6-22 所示。

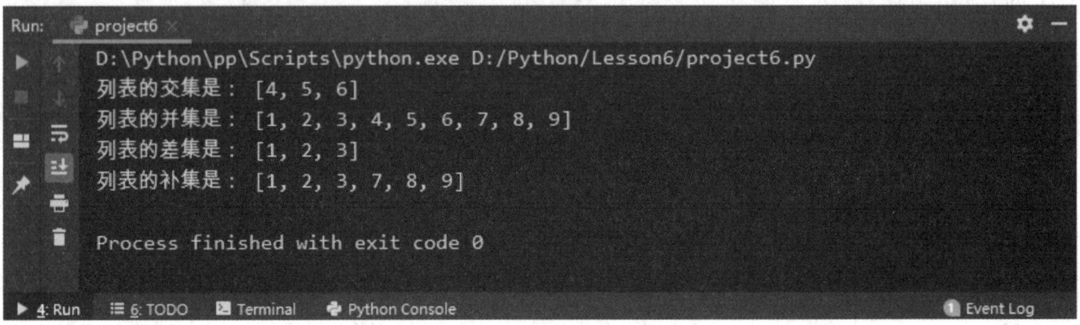

```
Run:    project6 ×
     D:\Python\pp\Scripts\python.exe D:/Python/Lesson6/project6.py
     列表的交集是 : [4, 5, 6]
     列表的并集是 : [1, 2, 3, 4, 5, 6, 7, 8, 9]
     列表的差集是 : [1, 2, 3]
     列表的补集是 : [1, 2, 3, 7, 8, 9]

     Process finished with exit code 0

 ▶ 4: Run    ≡ 6: TODO    Terminal    Python Console                            Event Log
```

图 6-22　项目运行结果

四、项目总结

本项目主要针对函数进行了讲解,包括函数的创建、函数的调用、函数的返回值、函数的参数、变量的作用域、匿名函数和递归函数。通过本项目的学习,希望读者能够灵活地定义和使用函数,能够利用一个函数去解决实际中的一些问题,提高程序设计的模块化。

五、项目拓展

1. 编写一个函数,求 N(从键盘输入的整数)的阶乘。阶乘的递归定义为 $N! = N \times (N-1)!$,其中,$N \geq 1$,且 $0! = 1$。

2. 编写一个函数,求 $1 + 2 + 3 + \cdots + N$(从键盘输入的整数)的和。

3. 编写一个函数,统计字符串中字母、数字和其他字符的个数,并返回结果。

4. 编写一个函数,将一个字符串中所有的小写字母变成大写字母。

5. 编写一个函数,返回三个数(从键盘输入的整数)中的最大值。

6. 编写一个函数,判断一个整数是否是回文数。回文数是一个正向和逆向都相同的整数。

六、课后习题

1. 单选题

(1)下列有关函数的说法中,正确的是(　　)。

A. 函数的定义必须在程序的开头　　　　B. 函数定义后,其中的程序就可以自动执行

C. 函数定义后需要调用才会执行　　　　D. 函数体与关键字 def 必须左对齐

(2)下面关于函数的说法,错误的是(　　)。

A. 函数可以减少代码的重复,使得程序更加模块化

B. 在不同的函数中可以使用相同名字的变量

C. 调用函数时,传入参数的顺序和函数定义时的顺序一定相同

D. 函数体中如果没有 return 语句,也会返回一个 None 值

(3)使用( )关键字声明匿名函数。

A. function   B. func   C. def   D. lambda

(4)阅读下面代码:

```
def Sum(a, b =3, c =5):
        print(a,b,c)
Sum(a =8,c =2)
```

执行程序,运行结果是( )。

A. 8 2 5   B. 8,3,5   C. 8 3 2   D. 3,5

答案:C

(5)下列关于函数的说法中,错误的是( )。

A. 匿名函数与使用关键字 def 定义的函数没有区别

B. 匿名函数没有函数名

C. 匿名函数中可以使用 if 语句

D. 递归函数就是在函数体中调用了自身的函数

(6)阅读下面代码:

```
num_one = 12
def Sum(num_two):
        global num_one
        num_one = 90
         return num_one + num_two
print(Sum(10))
```

执行程序,运行结果是( )。

A. 102   B. 100   C. 22   D. 12

(7)Python 中,导入模块使用的关键字是( )。

A. include   B. from   C. continue   D. import

(8)g = lambda x, y =3, z =5: x * y * z,则语句 print(g(1)) 的输出结果为( )。

A. 15   B. 1   C. 3   D. 5

(9)在定义函数时,某个参数名字前面带有两个 * 符号表示可变长度参数,可以接收任意多个位置参数并存放于一个( )之中。

A. 列表   B. 字典   C. 元组   D. 集合

(10)阅读下面代码:

```
def fact(num):
        if num == 1:
            return 1
        else:
            return num + fact(num - 1)
print(fact(5))
```

执行程序,运行结果是(　　　)。

A. 15　　　　　　　　B. 1　　　　　　　　C. 21　　　　　　　　D. 3

2. 判断题

(1)函数的名称可以随意命名。　　　　　　　　　　　　　　　　　　　　(　　)

(2)不带 return 的函数代表返回 None。　　　　　　　　　　　　　　　　(　　)

(3)默认情况下,参数值和参数名称是跟函数声明定义的顺序匹配的。　　(　　)

(4)函数定义完成后,系统会自动执行其内部的功能。　　　　　　　　　　(　　)

(5)函数体以冒号起始,并且是缩进格式的。　　　　　　　　　　　　　　(　　)

(6)带有默认值的参数位于参数列表的末尾。　　　　　　　　　　　　　　(　　)

(7)定义函数时,即使该函数不需要接收任何参数,也必须保留一对空的圆括号来表示这是一个函数。　　　　　　　　　　　　　　　　　　　　　　　　　　　　(　　)

(8)一个函数如果带有默认值参数,那么必须所有参数都设置默认值。　　(　　)

(9)调用带有默认值参数的函数时,不能为默认值参数传递任何值,必须使用函数定义时设置的默认值。　　　　　　　　　　　　　　　　　　　　　　　　　　　　(　　)

(10)在定义函数时,某个参数名字前面带有一个 * 符号表示可变长度参数,可以接收任意多个位置参数并存放于一个元组之中。　　　　　　　　　　　　　　　　(　　)

(11)在调用函数时,可以通过关键参数的形式进行传值,从而避免必须记住函数形参顺序的麻烦。　　　　　　　　　　　　　　　　　　　　　　　　　　　　　(　　)

(12)局部变量的作用域是整个程序,任何时候使用都有效。　　　　　　　(　　)

3. 填空题

(1)Python 中函数定义使用＿＿＿＿＿＿＿＿关键字,函数返回值使用＿＿＿＿＿＿＿关键字。

(2)函数可以有多个参数,参数之间使用＿＿＿＿＿＿＿分隔。

(3)函数能处理比声明时更多的参数,它们是＿＿＿＿＿＿＿参数。

(4)阅读下面代码:

```
def func5(a, b, * c):
    print(a,b)
func5(1,2,3,4,5,6)
```

运行结果是＿＿＿＿＿＿＿。

(5)在函数内部定义的变量称作＿＿＿＿＿＿＿变量,＿＿＿＿＿＿＿变量定义在函数外,可以在整个程序范围内访问。

(6)如果想在函数中修改全局变量,需要在变量的前面加上＿＿＿＿＿＿＿关键字。

(7)递归必须要有＿＿＿＿＿＿＿,否则,就会陷入无限递归的状态,无法结束调用。

项目七

用户注册登录

一、项目分析

(一)项目描述

随着智能设备的普及和网络的发展,我们下载一个 APP、登录一个网站时,往往都需要进行注册或者登录,注册登录是一个 APP 或网站最常用的也是最基本的功能。很多的 APP 只有在用户注册登录后才能正常使用,而一些网站也只有在注册登录后才能查看或下载资源。

现要求编写一个 Python 程序,实现用户注册、登录、修改密码和注销等功能。

(1)用户注册:实现用户注册功能,并将用户注册信息保存到磁盘文件中,用户注册时至少给定:用户名和密码。

(2)用户登录:根据系统提示,用户输入用户名和密码,当用户名和密码给定正确的时候,显示登录成功,否则登录失败。如果用户名连续 3 次输入错误,直接退出登录,重新进行选择;如果密码连续 3 次输入错误,则提示重新输入用户名和密码。

(3)修改密码:根据系统提示,用户输入用户名和原始密码,当用户名和密码给定正确的时候,提示输入新密码;否则,重新输入用户名和原始密码。

(4)用户注销:从磁盘文件中删除该用户的用户名和密码。

(二)项目目标

1. 掌握文件的打开和关闭操作。
2. 掌握文件读取的相关方法。
3. 掌握文件写入的相关方法。
4. 了解文件的复制、重命名和删除操作。
5. 了解文件夹的相关操作。
6. 掌握 JSON 文件的操作。

(三)项目重点

1. 文件的读取。
2. 文件的写入。
3. JSON 文件的操作。

二、项目知识

在运行程序时,经常需要将数据保存到内存中,而这些数据是不能永久保存的。如果需要在程序运行结束之后,数据能够永久保存,这时需要使用文件来保存数据。文件是指为了重复使用或长期使用的目的,以文本或二进制形式存放于外部存储器(硬盘、U 盘等)中的数据保存形式,是信息交换的重要途径。本项目将对 Python 中的文件操作,包括文件的打开、关闭、读取、写入等进行详细介绍。

7.1　文件的打开和关闭

在 Python 中,可将文件分为文本文件和二进制文件两种类型。无论是文本文件还是二进制文件,在对文件进行读写操作之前,都必须要先打开文件,而在使用文件之后,也需要关闭文件。

7.1.1　打开文件

Python 使用内置的 open( )函数来打开文件,该函数会返回一个文件对象。其语法格式为:

```
file_object = open(file_name[,mode])
```

①file_object 为文件对象名,成功打开文件后,会返回文件对象赋给变量 file_object。通过文件对象,可以得到有关该文件的各种信息。表 7 - 1 列举了和文件对象相关的所有属性的信息。

表 7 - 1　文件模式

属性	描述
file_object. closed	如果文件已被关闭,返回 True,否则返回 False
file_object. mode	返回被打开文件的访问模式
file_object. name	返回文件的名称

②file_name 为包含了需要打开文件的文件名的字符串,是一个必须设置的参数。如果无文件名,系统则不知道要打开哪个文件,进而抛出异常。该参数可以使用从根目录开始的绝对路径(如 D:\\Python\\Lesson7\\test. txt)或当前打开文件所在路径的相对路径(. /test. txt)。当打开的文件与当前程序文件在同一个路径下时,不需要写路径。为了程序的可移植性,建议使用相对路径。

③mode 为打开文件的模式,也是一个字符串,默认方式为只读文本模式'r'。该参数的取值见表 7 - 2。

表 7 - 2　文件模式

打开模式	名称	描述
r/rb	只读模式	以只读的形式打开文本文件/二进制文件,文件的指针放在文件的开头。若文件不存在,则打开失败,出现异常

续表

打开模式	名称	描述
w/wb	只写模式	以只写的形式打开文本文件/二进制文件,若文件已存在,则重写文件,否则创建新文件
a/ab	追加模式	以只写的形式打开文本文件/二进制文件,只允许在文件的末尾追加数据,文件的指针放在文件的末尾。若文件不存在,则创建新文件
r + /rb +	读取(更新)模式	以读/写的形式打开文本文件/二进制文件,文件的指针放在文件的开头。若文件不存在,则打开失败,出现异常
w + /wb +	写入(更新)模式	以读/写的形式打开文本文件/二进制文件,若文件已存在,则重写文件,否则创建新文件
a + /ab +	追加(更新)模式	以读/写的形式打开文本文件/二进制文件,只允许在文件的末尾追加数据,文件的指针放在文件的末尾。若文件不存在,则创建新文件

例如,打开一个名为 test. txt 的文件,示例代码如下:

```
file = open("test.txt")
```

如果在当前目录下存在文件 test. txt,则成功打开文件,否则会出现下述异常信息:

```
Traceback (most recent call last):
  File "<stdin>", line 1, in <module>
FileNotFoundError: [Errno 2] No such file or directory: 'test.txt'。
```

7.1.2 关闭文件

打开的文件对象使用完毕后,需要使用文件对象的 close() 方法关闭文件,以免造成文件数据的丢失。另外,及时关闭使用后的文件也是一种良好的编程习惯,可以释放文件缓存区占用的内存空间,避免文件对象占用过多系统资源,毕竟操作系统在同一时间能够打开的文件数量有限。其语法格式为:

```
file_object.close()
```

例如:

```
# 新建一个文件,文件名为 test.txt
file = open("test.txt","w")
# 关闭这个文件
file.close()
```

7.1.3 上下文管理器

在文件的使用过程中,可能因为忘记关闭文件或程序在执行 close() 方法之前遇到错误,从而导致文件不能正常关闭。为了避免此类问题,Python 提供了一种叫作上下文管理器的功能。上下文管理器由关键字 with 和 as 联合启动,从而实现安全关闭文件的目的。其语法格式为:

```
with open(file_name) as file_object:
    文件的操作
```

【例 1:Exam7 - 1. py】with 语句举例。

```
1    with open("test.txt") as file:
2        print("文件在 with 语句内的关闭状态是:",file.closed)
3    print("文件在 with 语句外的关闭状态是:",file.closed)
```

上述代码中,打开文件 test. txt,并为其创建了文件对象 file。执行第 2 行代码的 print 语句后,文件自动关闭,不用担心文件没有关闭而无故消耗系统资源。运行结果如图 7 - 1 所示。

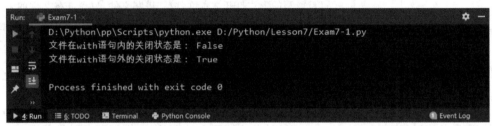

图 7 - 1　with 语句运行结果

使用上下文管理器,用缩进语句来描述了文件的打开及操作范围,一旦代码离开了缩进语句范围,文件的关闭操作会自动执行。即使上下文管理器范围内的代码因错误异常退出,文件的关闭操作也会正常执行。建议在进行文件操作时,使用这种方法来避免文件关闭错误,保证了文件使用完毕后的关闭操作。

7.2　文件的读取和写入

文件最主要的操作就是文件的读写,也就是从文件中读取数据和将数据写入文件。对文件进行读写操作时,Python 提供了丰富的方法,以便文件访问更加轻松。

7.2.1　读取文件

Python 中用于读取文件的方法有 3 种:read( )、readline( )和 readlines( )。下面对这 3 种方法的使用分别进行详细介绍。

1. read( )方法

read( )方法用于从指定文件中读取指定字符(或字节)的数据,返回一个字符串,其语法格式如下:

```
data = file_object.read([size])
```

其中,data 用于存放从文件中读取的内容;size 表示一次最多可读取的字符(字节)个数,

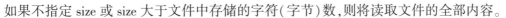

如果不指定 size 或 size 大于文件中存储的字符(字节)数,则将读取文件的全部内容。

【例2：Exam7 – 2. py】read( )方法举例。

假设在当前目录下,有一个名为 test. txt 的文本文件,其内容为:

```
Hello world!
Life is short, I use Python!
```

示例代码如下:

```
1    with open("test.txt","r") as file:
2        data1 = file.read(7)
3        data2 = file.read()
4        print("第一次读取的内容为:%s" % data1)
5        print("第二次读取的内容为:%s" % data2)
```

上述代码中,以只读模式打开文件 test. txt,首先读取文件中7个字符的数据并存放在变量 data1 中,然后读取文件剩下的全部内容并存放在变量 data2 中,最后分别输出两次读取到的文件内容。运行结果如图7 – 2所示。

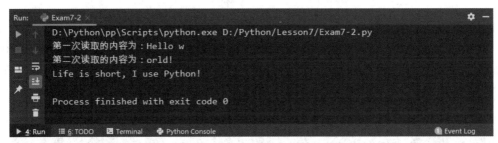

图7 – 2　read( )方法运行结果

需要注意的是,以只读模式打开文件后,文件的指针默认是在文件的开头,所以第一次读取的时候,是从文件的第一个字符开始读取;而在第二次读取的时候,文件的指针就不再是位于文件的开头了,而是从第一次读取后的位置开始读取,读取结束后,文件的指针已经位于文件的末尾。如果再往下继续读取的话,读取到的内容就是一个空字符串。

另外,还要求 open( )函数必须以可读模式(包括 r、r + 、rb、rb +)打开文件。如果将上面程序中 open( )的打开模式改为"w",程序会抛出 io. UnsupportedOperation 异常,提示文件没有读取权限,如图7 – 3所示。

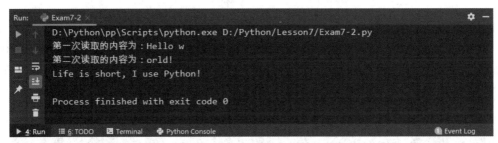

图7 – 3　read( )方法运行结果

2. readline( )方法

readline( )方法用于从指定文件中每次读取一行的数据,返回一个字符串,其语法格式如下:

```
data = file_object.readline([size])
```

其中,data 用于存放从文件中读取的内容;size 表示读取当前文件指针指向行的前几个字符,如果不指定 size,则将读取当前文件指针指向行的全部内容。

【例3: Exam7 - 3. py】readline( )方法举例。

以例2 中的 test. txt 文件为例,示例代码如下:

```
1    with open("test.txt","r") as file:
2        data1 = file.readline(7)
3        data2 = file.readline()
4        data3 = file.readline()
5        print("第一次读取的内容为:%s" % data1)
6        print("第二次读取的内容为:%s" % data2)
7        print("第三次读取的内容为:%s" % data2)
```

上述代码中,打开文件 test. txt,首先读取文件第一行的前 7 个字符的数据并存放在变量 data1 中,然后读取文件指针所在行的全部内容,包括换行符,存放在变量 data2 中,接着读取下一行的数据并存放在变量 data3 中,最后分别输出三次读取到的文件内容。运行结果如图7 - 4 所示。

图7 - 4　readline( )方法运行结果

3. readlines( )方法

readlines( )方法用于从指定文件中一次性读取所有的数据,返回每行数据组成的一个列表,其语法格式如下:

```
data = file_object.readlines()
```

【例4: Exam7 - 4. py】readlines( )方法举例。

以例2 中的 test. txt 文件为例,示例代码如下:

```
1    with open("test.txt","r") as file:
2        data = file.readlines()
5        print("读取的内容为:",data)
```

上述代码中,打开文件 test.txt,然后读取文件指针指向处后面的全部内容,存放在变量 data 中,最后输出读取到的文件内容。运行结果如图 7-5 所示。

图 7-5　readlines()方法运行结果

需要注意的是,readlines()方法也可以指定读取的字符个数 size,但是在实际读取的过程中,读取数据个数等于 size 后,程序会继续读取数据,直至遇到结束符 EOF 结束,此时会返回总和大于等于指定个数 size 的所在行数据。

修改例 4 如下:

```
1    with open("test.txt","r") as file:
2        data1 = file.readlines(7)
3        data2 = file.readlines()
4        data3 = file.readlines()
5        print("第一次读取的内容为:",data1)
6        print("第二次读取的内容为:",data2)
7        print("第三次读取的内容为:",data3)
```

上述代码中,第 2 行指定了参数 7,程序在读取到第 7 个字符后,会继续向后读取数据,返回总和大于等于 7 个字符的所在行,直至遇到结束符 EOF 结束。运行结果如图 7-6 所示。

图 7-6　readlines()方法运行结果

7.2.2 写入文件

Python 提供了 write()方法和 writelines()方法来向文件中写入数据,下面对这两种方法进行介绍。

1. write()方法

write()方法用于将一个字符串写入文件中,其语法格式如下:

```
file_object.write(str)
```

其中,str 为写入文件的字符串,也可以是一个指向字符串对象的变量。如果调用成功,返回写入文件的字符串的长度。

【例5：Exam7-5. py】write()方法举例。

以当前目录下的 test. txt 文件为例,其原有内容为：

```
Hello world!
Life is short, I use Python!
```

示例代码如下：

```
1    with open("test.txt","w") as file:
2        num = file.write("I learn Python!")
5        print("写入了%d个字符" %num)
```

上述代码中,以只写模式打开文件 test. txt,然后向文件中写入字符串"I learn Python!",最后输出写入的字符串的长度。运行结果如图7-7所示。

图7-7   write()方法运行结果

另外,上例中以只写模式"w"打开的文件 test. txt,如果文件 test. txt 存在,在写入新的字符串后,原有的内容会被覆盖;如果文件 test. txt 不存在,会创建新文件。程序运行后,文件 test. txt 的内容为：

```
I learn Python!
```

需要注意的是,在使用 write()方法之前,打开文件 open()方法不能使用"r"模式,否则程序会抛出 io. UnsupportedOperation 异常,提示文件没有写入权限,如图7-8所示。

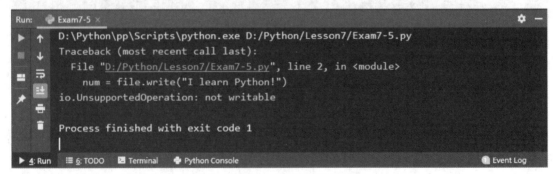

图7-8   write()方法运行结果

2. writelines()方法

writelines()方法用于将一个字符串列表写入文件中,实现一次性向文件写入多行字符串。

其语法格式如下：

```
file_object.writelines(seq)
```

其中，seq 为写入文件的字符串列表，也可以是一个指向列表对象的变量。

【例 6：Exam7 – 6. py】 writelines( )方法举例。

以例 5 中的 test. txt 文件为例，示例代码如下：

```
1    with open("test.txt","a") as file:
2        file.writelines([ "\n 好好学习","\n 天天向上"])

3    with open("test.txt") as file:
4        data = file.readlines()
5        for str in data:
6            print(str)
```

上述代码中，以追加模式"a"打开文件 test. txt，然后向文件中写入一个字符串列表，接着以只读模式"r"再次打开文件，读取文件的全部内容，最后输出读取到的文件内容。运行结果如图 7 –9 所示。

图 7 –9　writelines( )方法运行结果

这里写入文件时采用的是追回模式"a"，如果文件存在，在原有内容的后面写入新的字符串；如果文件不存在，会创建新文件。需要注意的是，写入的字符串内容不会自动换行，在换行的时候必须使用换行符"\n"。

7.2.3　文件的定位读写

文件中的位置指针指向了当前的读写位置。文件的读写都是顺序进行的，每次读写一个字符后，文件指针将自动移动指向下一个字符。但是在实际开发中，可能会需要从文件某个特定位置开始对文件进行读写，这时需要对文件的读写位置进行定位。Python 提供了用于获取及修改文件读取位置的方法 tell( )与 seek( )，下面对这两个方法进行介绍。

1. tell( )方法

tell( )方法用于获取文件指针的当前位置，使用文件头的位移量表示，文件开头处的位移量为 0，其返回值就是当前文件指针的位置，其语法格式如下：

```
file_object.tell()
```

【例 7：**Exam7 – 7. py**】tell( )方法举例。

以例 2 中的 test. txt 文件为例,示例代码如下:

```
1    with open("test.txt") as file:
2        print("当前文件指针位置为:",file.tell())
3        data = file.read(7)
4        print("当前读取到的内容是:" ,data)
5        print("当前文件指针位置为:",file.tell())
```

上述代码中,以只读模式"r"打开文件 test. txt,然后输出当前文件指针的位置,再读取 7 个字符,存放在变量 data 中,接着输出读取到的文件内容,最后再输出当前文件指针的位置。运行结果如图 7 – 10 所示。

图 7 – 10　tell( )方法运行结果

需要注意的是,不同的打开模式,文件指针的默认位置是不同的。例 7 中以只读模式"r"打开文件 test. txt,文件指针默认是放在文件的开头,此时的位置为 0。

2. seek( )方法

seek( )方法用于设置文件指针的当前位置,通过字节偏移量可将读写位置移动到文件的任意位置,从而实现文件的随机访问。seek( )方法调用成功后,会返回当前位置,其语法格式如下:

```
file_object.seek(offset[,whence])
```

其中,offset 为偏移量,即需要移动的字节数,正数表示向结束方向移动,负数表示向开始方向移动;whence 为起始位置,可以是 0、1 或 2,0 表示文件开头(默认值),1 表示当前位置,2 表示文件末尾。

【例 8：**Exam7 – 8. py**】seek( )方法举例。

以例 2 中的 test. txt 文件为例,示例代码如下:

```
1    with open("test.txt") as file:
2        data = file.readline()
3        print("当前读取到的内容是:", data)
4        print("当前文件指针位置为:", file.tell())
5        position = file.seek(5)
6        print("移动后文件指针位置为:",position)
```

上述代码中,以只读模式"r"打开文件 test. txt,然后读取一行数据,存放在变量 data 中,接着输出读取到的文件内容和当前文件指针的位置,随后调用 seek()方法将文件指针移动到偏移量为 5 的位置,最后再输出移动后文件指针的位置。运行结果如图 7 – 11 所示。

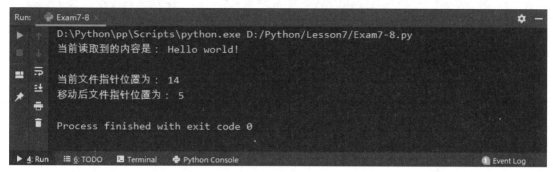

图 7 – 11　seek( )方法运行结果

需要注意的是,在 Python 3 中,若打开的是文本文件,那么 seek()方法只允许相对于文件首部移动文件读写位置;若在参数 whence 值为 1 或 2 的情况下移动文本文件的读写位置,程序会抛出 io. UnsupportedOperation 异常,修改例 8 中的第 5 行代码:

```
5          position = file.seek(5,1)
```

运行结果如图 7 – 12 所示。

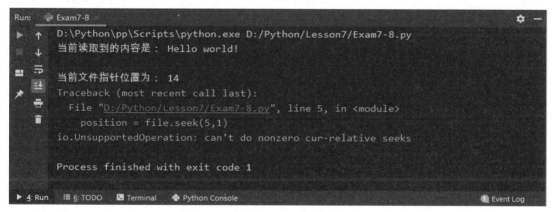

图 7 – 12　修改后 seek( )方法运行结果

若要对当前位置或文件末尾进行位移操作,需要以二进制形式打开文件,示例代码如下:

```
1    with open("test.txt","rb") as file:
2        data = file.readline()
3        print("当前读取到的内容是:", data)
4        print("当前文件指针位置为:", file.tell())
5        position = file.seek(5,1)
6        print("移动后文件指针位置为:",position)
```

运行结果如图 7 – 13 所示。

图 7 – 13　修改后 seek( )方法运行结果

7.3　管理文件和文件夹

对文件的操作,除 Python 的内置方法外,os 模块中也定义了与文件操作相关的函数,利用这些函数可以实现删除文件、重命名文件、新建文件夹、删除文件夹、获取当前目录、更改默认目录与获取目录列表等操作。本任务将对 os 模块中的常用函数进行讲解。

7.3.1　删除文件

remove( )函数用于删除文件,该函数要求目标文件存在,其语法格式如下:

```
os.remove(path)
```

其中,path 是指定路径下的文件。调用 remove( )函数处理文件,如果文件存在,则删除该文件,否则抛出 FileNotFoundError 异常。例如,删除当前目录下的 test1. txt 文件的示例代码如下:

```
import os
os.remove("test1.txt")
```

7.3.2　重命名文件

rename( )函数用于更改文件名,该函数要求目标文件存在,其语法格式如下:

```
os.rename(old_name,new_name)
```

其中,old_name 为需要更改的文件名;new_name 为更改后的文件名。调用 rename( )函数处理文件,如果文件存在,则重命名该文件;否则,抛出 FileNotFoundError 异常。例如:将当前目录下的 test1. txt 文件重命名为 test2. txt 的示例代码如下:

```
import os
os.rename("test1.txt","test2.txt")
```

7.3.3　新建文件夹

mkdir( )函数用于新建文件夹,其语法格式如下:

```
os.mkdir(path)
```

其中,path 是指定路径下的文件夹。例如,在当前目录下新建一个名为 test 的文件夹的示例代码如下:

```
import os
os.mkdir("test")
```

经以上操作后,当前路径下会新建文件夹 test。需要注意的是,新建的文件夹不能与已有文件夹重名,否则将抛出 FileExistsError 异常,提示文件已存在,无法创建。

7.3.4 删除文件夹

rmdir( )函数用于删除文件夹,其语法格式如下:

```
os.rmdir(path)
```

其中,path 是指定路径下的文件夹。例如,删除当前目录下名为 test 的文件夹的示例代码如下:

```
import os
os.rmdir("test")
```

经以上操作后,当前路径下的文件夹 test 会被删除。需要注意的是,rmdir( )函数只能删除空的文件夹,如果文件夹不是空的,将抛出 OSError 异常,提示目录不是空的。

如果要删除非空文件夹,需要使用内置模块 shutil 中的 rmtree( )函数,其语法格式如下:

```
shutil.rmtree(path)
```

例如,删除当前目录下名为 test 的文件夹的示例代码如下:

```
import shutil
shutil.rmtree("test")
```

7.3.5 获取当前目录

getcwd( )函数用于获取当前目录,即 Python 当前的工作路径。其语法格式如下:

```
os.getcwd()
```

调用该函数可获取当前工作目录的绝对路径。示例代码如下:

```
import os
print("当前目录为:",os.getcwd())
```

运行程序,结果如下所示:

```
当前目录为: D:\Python\Lesson7
```

7.3.6 更改默认目录

chdir( )函数用于更改默认目录,若没有特别设置,当前目录即为默认目录。其语法格式如下：

```
os.chdir(path)
```

其中,path 为目录路径。示例代码如下：

```
import os
os.chdir("D:\\python")
print("当前目录为:",os.getcwd())
```

上述代码中,把当前目录更改为"D:\\python",运行程序,结果如下所示：

```
当前目录为: D:\Python
```

7.3.7 获取目录列表

listdir( )函数用于获取目录列表,包括指定目录下的所有目录和文件。其语法格式如下：

```
os.listdir(path)
```

其中,path 为目录路径。示例代码如下：

```
import os
print("当前目录列表为:",os.listdir())
```

运行程序,结果如下所示：

```
当前目录列表为：['Exam7 - 1.py', 'Exam7 - 2.py', 'Exam7 - 3.py', 'Exam7 - 4.py', 'Exam7 -
5.py', 'Exam7 - 6.py', 'Exam7 - 7.py', 'Exam7 - 8.py', 'test.py', 'test.txt']
```

【例 9：**Exam7 – 9. py**】综合举例。

```
1    import os
2    os.chdir("D:\python")
3    print("当前目录为:",os.getcwd())
4    print("当前目录列表为:",os.listdir())
5    os.mkdir("test")
6    os.rename("123.txt","test.txt")
7    print("当前目录列表为:",os.listdir())
```

运行程序,结果如图 7 – 14 所示。

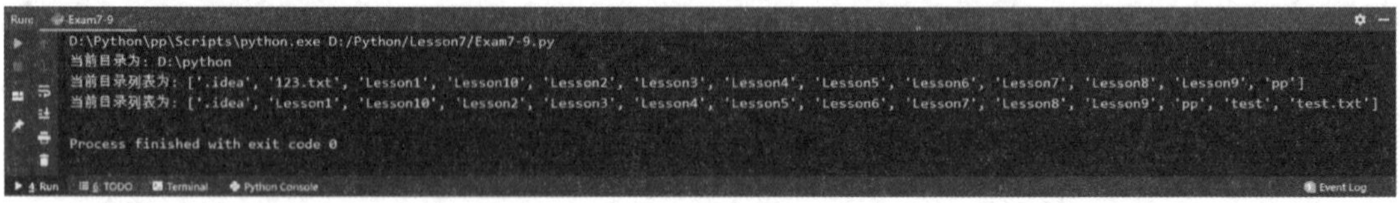

图 7 – 14　运行结果

7.4　使用 JSON

JSON（JavaScript Object Notation）是一种当前广泛应用的轻量级的数据交换格式,它是 JavaScript 的子集,其本质是一种被格式化了的字符串,既易于用户阅读和编写,也易于机器解析和生成。

JSON 格式的数据遵循以下语法规则:

①数据存储在键值对(key:value)中,key 必须用双引号来包括,不能使用单引号。value 可以是数字(整数或者浮点数)、字符串、逻辑值、数组、对象和 null 等。例如:"name":"David"。

②数据由逗号分隔,例如:"name":"David","age":20。

③花括号保存对象,例如:{"name":"David","age":20}。

④方括号保存数组,例如:[{"name":"David","age":20}]。

Python 3 中可以使用 JSON 模块来对 JSON 数据进行编解码,它主要提供了四种方法: dump()、dumps()、load()和 loads(),见表 7-3。其中,dump()和 dumps()用于对 Python 对象进行序列化,对一个 Python 对象进行 JSON 格式的编码。load()和 loads()用于反序列化,将 JSON 格式数据解码为 Python 对象。

表 7-3　JSON 模块常用方法

方法	描述
json. dump(obj,file)	将 Python 内置类型序列化为 JSON 对象后写入文件
json. dumps(obj)	将 Python 对象编码成 JSON 字符串
json. load(file)	读取文件中的 JSON 形式的字符串元素转化为 Python 类型
json. loads(string)	将已编码的 JSON 字符串解码为 Python 对象

在编码和解码过程中,存在着一个 Python 数据类型和 JSON 数据类型的转换过程,见表 7-4。

表 7-4　Python 原始类型向 JSON 类型的转化对照表

Python	JSON
dict	object
list、tuple	array
str	string
int、float	number
True	true
False	false
None	null

【例10：**Exam7 – 10. py**】JSON 举例。

利用 JSON 完成将 student = { "sno" : "2010320117" , "name" : "李勇" , "sex" : "女" , "tel" : "13869469192" , "score" : { "math" :96, "english" :88, "python" :96}} 写入文件 file. txt 中,并读取文件内容。

```
1    import json
2    student = {"sno":"2010320117",
3              "name":"林想",
4              "sex":"女",
5              "tel":"13869469192",
6              "score":{"math":96,"english":88,"python":96}}
7    with open("file.txt","w",encoding ='utf-8') as file:
8        data1 = json.dumps(student,ensure_ascii = False)
9        file.write(data1)
10   with open("file.txt") as file:
11       data2 = file.read()
12       print(json.loads(data2))
```

上述代码中,第 7~9 行代码用于对 Python 对象 student 进行序列化,并写入文件 file. txt 中;第 10~12 行代码用于读取文件内容,并反序列化输出。程序运行结果如图 7 – 15 所示。

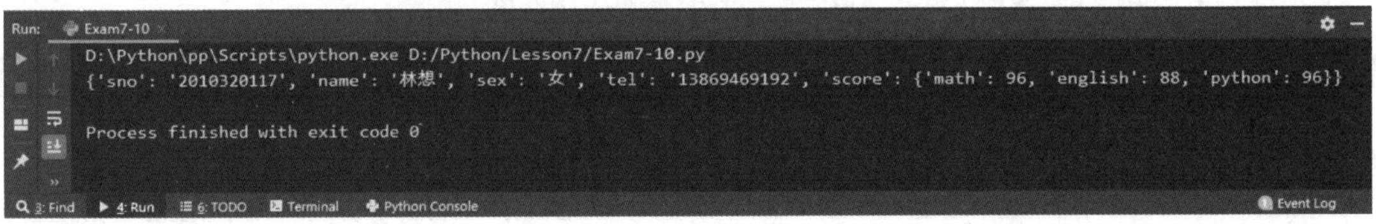

图 7 – 15　运行结果

打开 file. txt 查看文件内容,如图 7 – 16 所示。

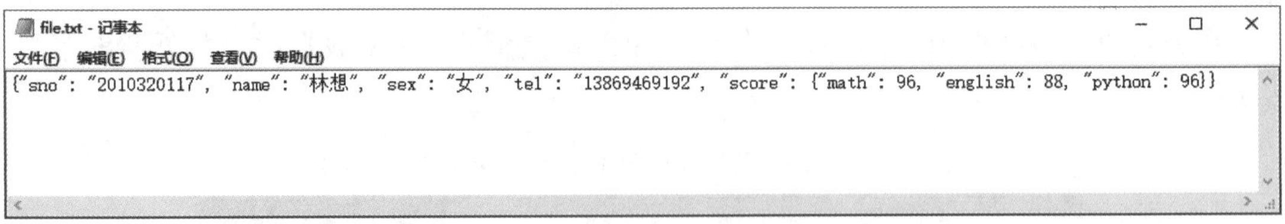

图 7 – 16　文件内容

需要注意的是,使用 dumps( )方法序列化时,对中文默认使用的是 ASCII 编码,想输出真正的中文,需要指定 ensure_ascii = False。

另外,第 8~9 行代码也可以直接用下面的代码代替：

```
json.dump(student,file,ensure_ascii = False)
```

同样,第 11~12 行代码也可以直接用下面的代码代替：

```
print(json.load(file))
```

三、项目实现

本项目要求实现用户注册、登录、修改密码和注销等功能。这里把每个用户的用户名和密码保存成键值对的形式,利用 JSON 模块进行操作。根据程序的功能,该模块应该包含的函数及其功能分别如下。

1. main( )

程序的入口,具体实现如下:

```
1    import json
2    user_dict = {}
3    cmd_list = ['copy','browser','screenshot','download']
4    def main():
5        while True:
6            choice = input(" 请输入你的选择: \n
7                              login(登录) \n
8                              regist(注册) \n
9                              logout(注销) \n
10                             change_pwd(修改密码) \n
11                             quit(退出) \n >>:")
12           if choice == "register":
13               register()
14           elif choice == "login":
15               login()
16           elif choice == "change_pwd":
17               change_pwd()
18           elif choice == "logout":
19               logout()
20           elif choice == "quit":
21               break
22           else:
23               print("选项不存在,请重新选择!")
```

运行程序,提示用户进行操作选择,运行结果如图 7 - 17 所示。

图 7 - 17 运行结果

2. register( )

用户注册,并将用户注册信息保存到磁盘文件中,用字典来保存用户注册的用户名和密码。具体实现如下:

```
23   def register():
24       while True:
25           with open('data.txt','r') as f:
26               data = f.read()
27           user_dict = json.loads(data)
28           user_name = input("请输入注册的用户名:")
29           if user_name not in user_dict:
30               user_pawd = input("请输入注册的密码:")
31               user_dict[user_name] = user_pawd
32               data = json.dumps(user_dict)
33               with open('data.txt','w') as f:
34                   f.write(data)
35               print("恭喜你,注册成功,请牢记你的用户名和密码!")
36               print("-" * 30)
37               break
38           else:
39               print("用户名已存在,请重新输入!")
```

运行程序,用户注册的运行结果如图 7 - 18 所示。

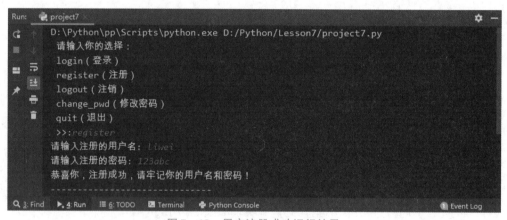

图 7 - 18　用户注册成功运行结果

此时打开文件 data. txt,文件内容如图 7 - 19 所示。

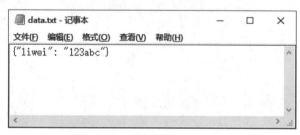

图 7 - 19　文件内容

如果用户输入的用户名已存在,提示重新输入,运行结果如图 7 - 20 所示。

图 7 – 20　用户注册成功运行结果

3. login( )

用户登录,根据系统提示,用户输入用户名和密码,当用户名和密码给定正确的时候,显示登录成功,可以进行下一步的操作。如果用户名连续 3 次输入错误,则直接退出登录,重新进行选择;如果密码连续 3 次输入错误,则提示重新输入用户名和密码。

具体实现如下:

```
40   def login():
41       count = 1
42       num = 1
43       while True:
44           user_name = input("请输入用户名: ")
45           num += 1
46           with open('data.txt','r') as f:
47               data = f.read()
48           user_dict = json.loads(data)
49           if user_name in user_dict:
50               while True:
51                   user_pawd = input("请输入密码: ")
52                   count += 1
53                   if user_pawd == user_dict[user_name]:
54                   print("恭喜,登录成功!")
55                   while True:
56                       cmd = input("请输入你要进行的操作: ")
57                       if cmd in cmd_list:
58                           print("你正在执行的操作是% s" % cmd)
59                       elif cmd == "quit":
60                           break
61                       else:
62                           print("输入的操作有误,请重新输入!")
63                   break
64               elif count < 4:
65                   print("密码输入有误,请重新输入!")
66               else:
67                   print("密码输入三次错误,请重新输入用户名和密码!")
```

163

```
68                print("-" * 30)
69                num = 1
70                break
71        elif num < 4:
72            print("用户名输入有误或不存在,请重新输入或注册!")
73        else:
74            print("用户名输入三次错误,请重新选择要执行的操作!")
75            print("-" * 30)
76            break
```

运行程序,用户登录成功的运行结果如图7−21所示。

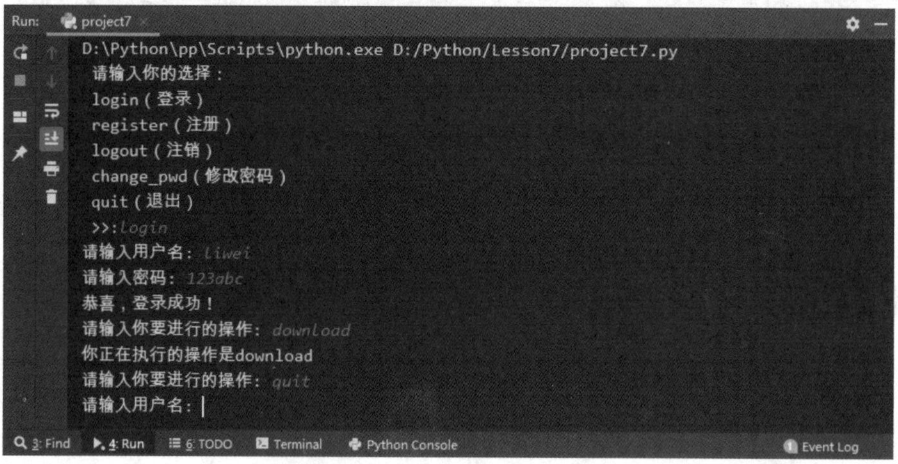

图7−21　用户登录成功运行结果

再次运行程序,当用户输入错误的用户名或密码时,运行结果如图7−22和图7−23所示。

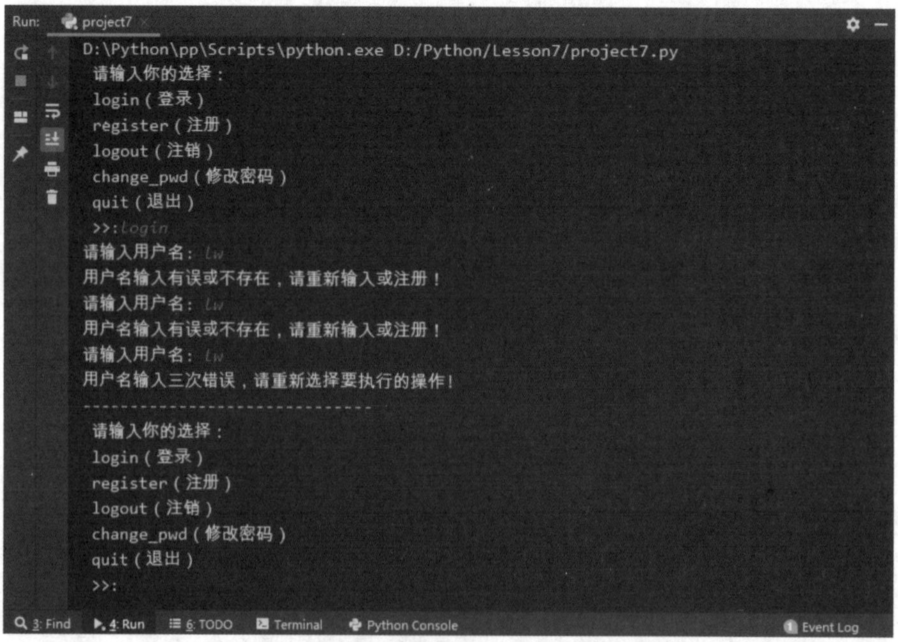

图7−22　用户登录失败运行结果——连续3次用户名输入错误

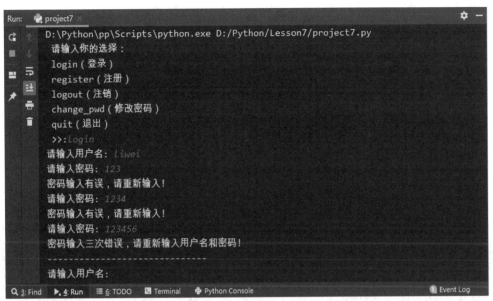

图 7 - 23　用户登录失败运行结果——连续 3 次密码输入错误

4. change_password( )

修改用户的登录密码,根据系统提示,用户输入用户名和原始密码,当用户名和密码给定正确的时候,提示输入新密码,否则,重新输入用户名和原始密码。

具体实现如下:

```python
77  def change_pwd():
78      while True:
79          user_name = input("请输入要修改密码的用户名:")
80          with open('data.txt', 'r +') as f:
81          data = f.read()
82  user_dict = json.loads(data)
83  if user_name in user_dict:
84      while True:
85          old_pawd = input("请输入原始密码:")
86          if user_dict[user_name] == old_pawd:
87              new_pwd = input("请输入新密码:")
88              user_dict[user_name] = new_pwd
89              data = json.dumps(user_dict)
90              with open('data.txt', 'w') as f:
91                  f.write(data)
92              print("恭喜你,密码修改成功,请牢记你的用户名和新密码!")
93              print(" - " * 30)
94              break
95          else:
96              break
97  else:
98      print("用户名不存在,请重新输入!")
```

文件 data. txt 中存放了两个用户的注册信息,如图 7 – 24 所示。

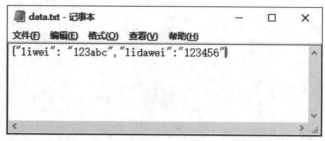

图 7 – 24　文件内容

运行程序,用户修改密码的运行结果如图 7 – 25 所示。

图 7 – 25　用户修改密码运行结果

修改完密码之后的文件 data. txt 的内容如图 7 – 26 所示。

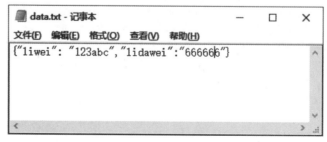

图 7 – 26　文件内容

5. logout( )

用户注销,从磁盘文件中删除该用户的用户名和密码。

具体实现如下：

```
99   def logout():
100      while True:
101          user_name = input("请输入要注销的用户名：")
102          with open('data.txt','r+') as f:
103              data = f.read()
104          user_dict = json.loads(data)
105          if user_name in user_dict:
106              del user_dict[user_name]
107              data = json.dumps(user_dict)
108              with open('data.json','w') as f:
109                  f.write(data)
110              print("注销成功!")
111              print(" - " * 30)
112              break
113          else:
114              print("用户名不存在,请重新输入!")
```

运行程序,用户注销的运行结果如图7-27所示。

图7-27　用户注销运行结果

此时再打开data.txt,文件内容如图7-28所示。

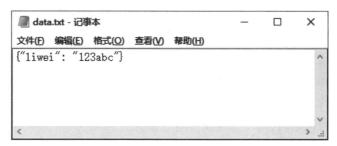

图7-28　文件内容

6. 在程序的末尾添加代码

```
115  if __name__ == '__main__':
116      main()
```

四、项目总结

本项目主要介绍了 Python 中的文件操作,包括文件的打开和关闭、文件读取和写入、文件的重命名和删除、目录的相关操作以及 JSON 的使用。通过本项目的学习,希望大家可以掌握文件的相关操作,能在实际开发中熟练地操作文件。

五、项目拓展

1. 编写程序,实现文件复制的功能。
2. 编写程序,打印除了星号" * "开头之外的所有行。
3. 编写程序,将一个英文文本文件中的大写字母变成小写字母、小写字母变成大写字母。
4. 编写程序,实现下列数据的序列化和反序列化存储。

```
Dt = {'name':'David','age':18,'grade':'A'}
```

六、课后习题

1. 单选题

(1)用(   )读取模式可以创建新文件。

A. 'r'   B. 'b'   C. 'w'   D. 'a'

(2)经常使用(   )语句来安全地关闭文件。

A. with   B. open   C. tell   D. close

(3)在 Python 中,对文件操作的一般步骤是(   )。

A. 读写文件→打开文件→关闭文件   B. 打开文件→读写文件→关闭文件

C. 打开文件→关闭文件→读写文件   D. 关闭文件→打开文件→读写文件

(4)在 Python 中,可以使用 read([size])来读取文件中的数据,如果参数 size 省略,则读取文件中的(   )。

A. 什么也不读取   B. 一个字符   C. 一行数据   D. 所有数据

(5)在 Python 中,可以使用 readlines([size])来读取文件中的数据,返回的数据为(   )。

A. 列表   B. 字符   C. 字符串   D. 对象

(6)在 Python 中,对文件读写和定位描述错误的是(   )。

A. 在移动文件指针时,并不需要打开文件,只需对文件对象进行直接操作

B. 在对文件进行写入时,可使用 w + 模式打开文件

C. 在对文件进行读取时,可不指定文件打开模式

D. 可使用 tell( )获取文件指针的当前位置

(7)下列选项中,用于获取当前读写位置的是(   )。

A. open( )　　　　　　B. read( )　　　　　　C. tell( )　　　　　　D. seek( )

(8)下列关于文件操作的方法,错误的是(　　　)。

A. os 模块中的 mkdir( )函数可创建目录

B. shutil 模块中的 rmtree( )函数可删除目录

C. os 模块中的 getcwd( )函数获取的是相对路径

D. rename( )函数可修改文件名

(9)下列代码要打开的文件应该在(　　　)。

```
file = open("test.txt","w")
```

A. C 盘根目录　　　　　　　　　　　　B. D 盘根目录

C. Python 安装目录　　　　　　　　　　D. 程序所在目录

(10)已知 test. txt 文件中的内容为"live with smile,we will have harvest!",执行下面的程序后,输出结果是(　　　)。

```
file = open("test.txt")
file.seek(16,0)
print(file.read())
```

A. we will have harvest!　　　　　　　B. live with smile,we will have harvest!

C. live with smile　　　　　　　　　　　D. live with smile,we

2. 判断题

(1)文件打开后不需要关闭。　　　　　　　　　　　　　　　　　　　(　　　)

(2)文件默认访问方式为只读。　　　　　　　　　　　　　　　　　　(　　　)

(3)使用 write( )方法写入文件时,数据会追加到文件的末尾。　　　　(　　　)

(4)在 Python 中,可以使用 seek( )方法设置从文件的特定位置开始读写。(　　　)

3. 填空题

(1)文件按其编码方式,主要分为_____文件和_____文件。

(2)在 Python 语言中,可使用_____方法实现一次性向文件中写入多行字符串。

(3)seek( )方法,起始位置不为 0 时,只有_____模式可以指定非 0 的偏移量。

(4)JSON 模块中用于将 Python 内置类型序列化为 JSON 对象后写入文件的方法是_____,用于读取文件中的 JSON 形式的字符串元素转化为 Python 类型的方法是_____。

项目八

体重的烦恼

一、项目分析

(一)项目描述

当今社会,体重已经成了一个全民话题,相信所有人都有拥有完美的体重和身材。但是,在实际生活中,很多人都会有这样的烦恼,就是怎么减肥都不瘦,或者怎么吃都不胖。人的体重是有一定标准的,太胖或太瘦对身体健康都会有一定的影响,同时也会给人造成一些困扰。

现要求编写一个 Python 程序,通过用户输入的身高和体重来判断一个人的体重是否是标准体重,并且能处理用户输入的异常数据和使用自定义异常类来处理身高过高或过矮的异常情况。

(二)项目目标

1. 理解异常的概念。
2. 掌握处理异常的几种方式。
3. 掌握 raise 和 assert 语句,会抛出自定义的异常。

(三)项目重点

1. 处理异常的方式。
2. 主动引发异常。
3. 自定义异常。

二、项目知识

程序运行时,常会碰到一些错误,这些错误如果不能发现并加以处理,很可能会导致程序崩溃。为此,Python 提供了处理异常的机制,可以让我们捕获并处理这些错误,让程序继续沿着一条不会出错的路径执行。本项目将主要介绍 Python 中的异常处理机制,利用 try…except 语句捕获并处理程序中的异常。同时,Python 还提供了可主动使程序引发异常的 raise 语句和自定义异常,本项目都会为你一一讲解。

8.1 认识异常

8.1.1 异常简介

在 Python 中,程序在执行过程中产生的错误称为异常,如类型错误、名字错误、下标越界、文件不存在等。总的来说,编写程序时遇到的错误可大致分为两类,分别为语法错误和运行时错误。

1. Python 语法错误

语法错误,也就是解析代码时出现的错误。当代码不符合 Python 语法规则时,Python 解释器在解析时就会报出 SyntaxError 语法错误,与此同时,还会明确指出最早探测到错误的语句。例如:

```
>>> a = 10
>>> if a > 5
```

上述示例中,由于 if 语句的后面缺少冒号,所以导致程序出现如下错误信息:

```
File "<stdin>", line 1
    if a > 5
            ^
SyntaxError: invalid syntax
```

语法错误多是开发者疏忽导致的,是唯一不在运行时发生的异常,属于真正意义上的错误,是解释器无法容忍的,因此,只有将程序中的所有语法错误全部纠正,程序才能执行。

2. Python 运行时错误

运行时错误,即程序在语法上都是正确的,但在运行时发生了错误。例如:

```
>>> a = 1/0
```

上面这句代码的意思是“用 1 除以 0,并赋值给 a”。因为 0 作除数是没有意义的,所以运行后会产生如下错误:

```
Traceback (most recent call last):
    File "<stdin>", line 1, in <module>
ZeroDivisionError: division by zero
```

无论是哪种类型的错误,都会导致程序无法正常运行,程序默认的处理方式是直接崩溃。

8.1.2 异常类

在 Python 中,所有的异常均由类实现,所有的异常类都继承自基类 BaseException。BaseException 类中包含 4 个子类,其中子类 Exception 是大多数常见异常类(如 SyntaxError、ZeroDivisionError 等)的父类。图 8 – 1 所示为 Python 中异常类的继承关系。

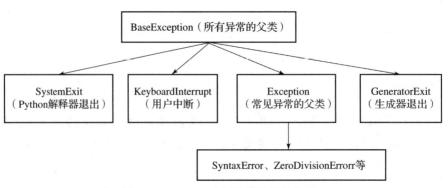

图 8 - 1　Python 中异常类的继承关系。

本项目主要对 Exception 类及其子类进行介绍,Exception 中常见的子类及描述见表 8 - 1。

表 8 - 1　**Exception 中常见的子类及描述**

类名	描述
AttributeError	当尝试访问未知对象属性时引发
FileNotFoundError	未找到指定文件或目录时引发
IndexError	当使用序列中不存在的索引时引发
KeyError	当使用字典中不存在的键访问值时引发
NameError	当尝试访问一个未声明的变量时引发
TypeError	对类型的无效操作时引发
SyntaxError	发生语法错误时引发
ValueError	当方法接收不合适的参数时引发
ZeroDivisionError	除数为 0 时引发

8.2　处理异常

在程序发生异常时,如果这个异常对象没有进行处理和捕捉,程序就会用所谓的回溯(traceback,一种错误信息)终止执行,这些信息包括错误的名称、原因和错误发生的行号。为了在异常产生的情况下程序正常执行,需要对异常进行处理。在 Python 中可使用 try…except 语句捕获异常,try…except 还可以与 else、finally 组合使用,来实现更强大的异常处理功能。

8.2.1　捕获简单异常

try…except 用于捕获程序运行时的异常,该语句由 try 子句和 except 子句组成,其中 try 子句用于检测异常,except 子句用于捕获异常。

1. 语法格式

```
try:
    可能出错的代码块
except 异常类名:
    错误处理的代码块
```

上述格式中,try 和 except 后面的冒号必须写;代码块可以有一条语句,也可以有多条语句,代码块必须缩进,代码块中的每条语句必须缩进相同的空格数。

2. 执行过程

先执行 try 子句,若 try 子句引发异常,则执行 except 代码块;否则忽略 except 代码块,执行后续代码块。try…except 语句的执行流程如图 8 – 2 所示。

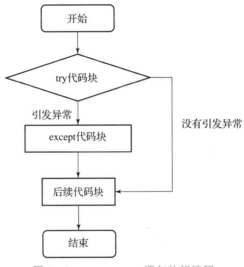

图 8 – 2 try…except 语句执行流程

3. 示例

【例 1:Exam8 – 1. py】捕获简单异常。

```
1   try:
2       file = open("123.txt")
3   except FileNotFoundError:
4       print("文件不存在!")
```

上述代码中,try 语句检测到当前目录下没有文件 123. txt,except 语句捕获了异常类名为 FileNotFoundError 的错误,运行结果如图 8 – 3 所示。

图 8 – 3 捕获简单异常运行结果

173

8.2.2 捕获多个异常

在程序的某一段代码中,有可能出现多种异常情况。为了根据出现的异常类型的不同来采取不同的异常处理方式,经常使用带有多个 except 子句的 try…except 语句结构,只要有某个 except 子句捕获到异常,则执行该 except 子句下的代码块,其他 except 子句不再异常捕获。

1. 语法格式

```
try:
    可能出错的代码块
except 异常类名 1:
    错误处理的代码块 1
except 异常类名 2:
    错误处理的代码块 2
......
```

上述格式中,try 和 except 后面的冒号必须写;代码块可以有一条语句,也可以有多条语句,代码块必须缩进,代码块中的每条语句必须缩进相同的空格数。

2. 执行过程

先执行 try 子句,若 try 子句引发异常,则根据出现的异常类型的不同,执行相应的 except 代码块;否则忽略 except 代码块,执行后续代码块。执行流程如图 8-4 所示。

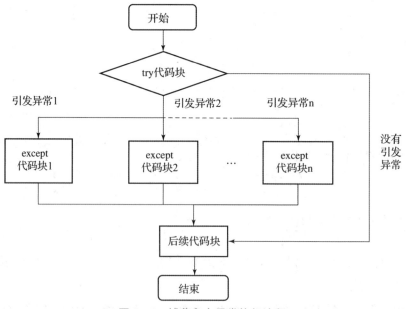

图 8-4 捕获多个异常执行流程

需要注意的是,如果出现多个异常,则按照异常出现的先后顺序进行捕获。如果出现的任意一个异常被捕获,则立刻进行异常处理;如果出现的异常没有匹配的类型,则传递给上层的 try 或者程序的最上层,抛出异常显示在执行环境中,中断程序。

3. 示例

【例2：Exam8 - 2. py】使用多个except子句捕获多个异常。

```
1    try:
2        file = Open("123.txt")
3    except FileNotFoundError:
4        print("文件不存在!")
5    except NameError:
6        print("name error")
```

上述代码中，try语句检测到Open没有被定义，except语句捕获了异常类名为NameError的错误，运行结果如图8-5所示。

图8-5 捕获多个异常运行结果

如果把程序中与出现的异常匹配的类型相关代码去掉，运行结果如图8-6所示。

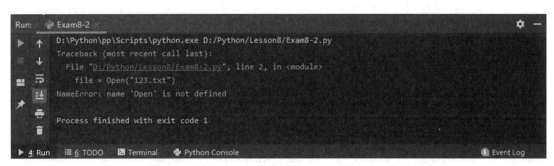

图8-6 缺少出现异常类型的except子句运行结果

如果一个except子句想要捕获多个异常，并且使用同一种处理方式，可以通过把多个异常放在一个括号中，构成异常元组的方式来实现。基本格式为：

```
try:
    可能出错的代码块
except (异常类名1,异常类名2,…,异常类名n):
    错误处理的代码块
```

下面把例2中的except子句改写如下：

```
3    except (FileNotFoundError,NameError):
4        print("Error!")
```

运行结果如图8-7所示。

图 8 – 7　使用异常元组捕获异常运行结果

8.2.3　捕获异常的描述信息

在上述的例 2 中,无论出现两种异常中的哪一种,都会打印 except 里面的语句,输出 "Error!"。但是,只打印一个错误信息并没有什么帮助。为了区分不同的错误信息,可以使用 as 子句获取系统反馈的错误信息。其语法格式如下:

```
try:
    可能出错的代码块
except (异常类名 1,异常类名 2,…,异常类名 n) as 别名:
    错误处理的代码块
```

下面把例 2 中的 except 子句改写如下:

```
3    except (FileNotFoundError,NameError) as e:
4        print("Error:",e)
```

运行结果如图 8 – 8 所示。

图 8 – 8　捕获异常的错误信息运行结果

如果再把第 2 条语句修改为:

```
2        file = open("123.txt")
```

运行结果如图 8 – 9 所示。

图 8 – 9　捕获异常的错误信息运行结果

8.2.4 捕获所有异常

尽管可以通过多个 except 子句来捕获多个异常,但是在程序设计过程中,很可能有些异常还是没有捕获到。在例 2 中,如果在编写程序时把 try 误写成了 tyr,又会得到如图 8 - 10 所示的错误信息。

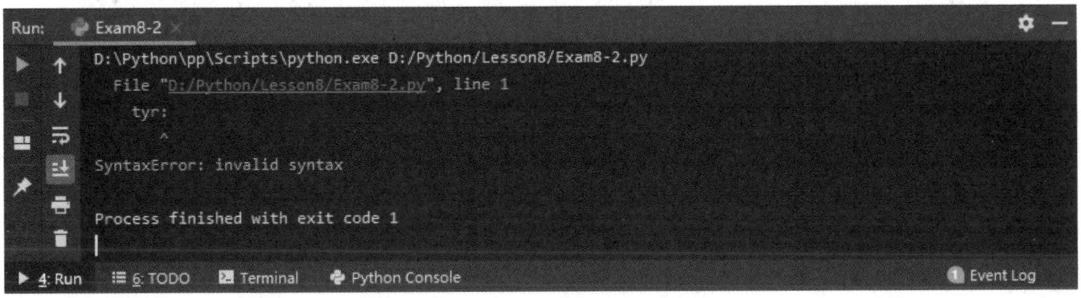

图 8 - 10 运行结果

此时可以在原有的基本上捕获 SyntaxError 异常。不过,如果程序再次出现其他的异常,则又要增加捕获这些异常的处理代码,这样是非常烦琐的。为了解决这种情况,可以在 except 子句中不指明异常类型,这样就可以处理所有类型的异常信息。其语法格式如下:

```
try:
    可能出错的代码块
except:
    错误处理的代码块
```

【例 3:Exam8 - 3. py】捕获所有异常。

```
1    try:
2        first_number = int(input("请输入第 1 个数:"))
3        second_number = int(input("请输入第 2 个数:"))
4        print(first_number / second_number)
5    except:
6        print("Error")
```

运行程序,输入 10 和 a,运行结果如图 8 - 11 所示。

图 8 - 11 运行结果

再次运行程序,输入 10 和 0,运行结果如图 8 - 12 所示。

177

图 8 - 12　运行结果

从两次运行的结果可以看出,每个异常的描述信息都是一样的。通常情况下,如果获取所有的异常都按照同一种方式处理,显然是非常不合理的。为此,可以在 except 子句中使用 Exception 类表示所有异常,该类是所有异常类的父类,可以通过使用 as 子句获取系统反馈的错误信息。其语法格式为:

```
try:
    可能出错的代码块
except Exception as e:
    错误处理的代码块
```

修改例 3 如下:

```
1    try:
2        first_number = int(input("请输入第 1 个数:"))
3        second_number = int(input("请输入第 2 个数:"))
4        print(first_number / second_number)
5    except Exception as e:
6        print("Error:",e)
```

运行程序,输入 10 和 a,运行结果如图 8 - 13 所示。

图 8 - 13　运行结果

再次运行程序,输入 10 和 0,运行结果如图 8 - 14 所示。

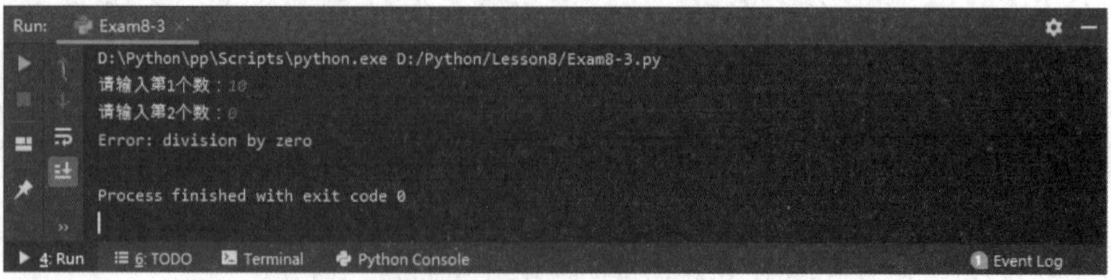

图 8 - 14　运行结果

8.2.5 else 子句

Python 中的 try…except 语句还可以与 else 子句联合使用,该子句放在 except 语句之后,当 try 子句没有出现异常时,应执行 else 语句中的代码块。

1. 语法格式

```
try:
    可能出错的代码块
except:
    代码块1
else:
    代码块2
```

上述格式中,else 后面的冒号必须写;不能与没有 except 子句的 try 语句配合使用;其他与 try…except 语句相同。

2. 执行过程

先执行 try 子句,若 try 子句引发异常,则执行 except 代码块 1;若 try 子句没有引发异常,则执行代码块 2。然后执行后续代码块。else 子句的执行流程如图 8 - 15 所示。

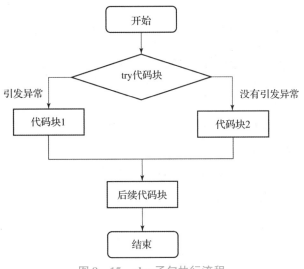

图 8 - 15 else 子句执行流程

3. 示例

【例 4:Exam8 - 4. py】else 子句举例。

```
1   try:
2       first_number = int(input("请输入第 1 个数:"))
3       second_number = int(input("请输入第 2 个数:"))
4       print(first_number /second_number)
5   except Exception as e:
6       print("Error:",e)
7   else:
8       print("程序正常运行,没有捕获到异常")
```

运行程序,输入 10 和 4,运行结果如图 8 - 16 所示。

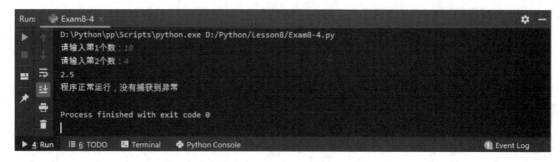

图 8 - 16   else 子句运行结果

8.2.6   finally 子句

在程序中,有一种情况是无论是否捕获到异常,都要执行一些代码,这时可以使用 finally 子句进行处理。其语法格式如下:

```
try:
    可能出错的代码块
except:
    代码块 1
else:
    代码块 2
finally:
    代码块 3
```

上述格式中,finally 后面的冒号必须写;finally 子句必须是最后一条语句;出现的顺序必须是 try → except → else → finally。

对上面的例 4 进行修改,在程序的最后加上 2 条代码,如下所示:

```
9    finally:
10       print("程序结束!")
```

运行程序,输入 10 和 0,运行结果如图 8 - 17 所示。

图 8 - 17   finally 子句运行结果

再次运行程序,输入 10 和 4,运行结果如图 8 – 18 所示。

图 8 – 18　finally 子句运行结果

在上述程序中,如果出现异常,则由 except 代码块处理后,再执行 finally 代码块;如果没有出现异常,则执行 else 代码块,然后执行 finally 代码块。可以发现,finally 代码块始终都会执行。

8.3　抛出异常

在前面的学习中,我们知道当程序出现错误时,Python 会自动引发异常。要想在程序中主动抛出异常,可以使用 raise 和 assert 语句。

8.3.1　raise 语句

raise 语句用于引发特定的异常,其使用方式可分为以下 3 种。

1. 使用类名引发异常

在 raise 语句后添加具体的异常类,使用类名引发异常,其语法格式为:

```
raise 异常类[(reason)]
```

其中,reason 用于表示异常的描述信息。当 raise 语句指定了异常的类名时,Python 解释器会自动创建该异常类的对象,进而引发异常。例如:

```
>>> raise NameError
Traceback (most recent call last):
  File "<stdin>", line 1, in <module>
NameError
```

如果指定了异常类的参数 reason,则会在引发指定类型的异常的同时,附带异常的描述信息。例如:

```
>>> raise NameError("This is a wrong name")
Traceback (most recent call last):
  File "<stdin>", line 1, in <module>
NameError: This is a wrong name
```

2. 使用异常类对象引发异常

通过创建异常类的对象,然后直接使用该对象来引发异常,其语法格式为:

```
raise 异常类对象[(reason)]
```

例如:

```
>>> name_error = NameError()
>>> raise name_error
```

上述代码创建了一个 NameError 类的对象 name_error,然后使用 raise 语句通过该对象来引发异常。运行结果如下所示:

```
Traceback (most recent call last):
  File "<stdin>", line 1, in <module>
NameError
```

3. 传递异常

仅使用不带任何参数的 raise 语句,可以重新引发刚刚出现的异常,其作用就是向外传递异常。语法格式为:

```
raise
```

例如:

```
>>> try:
...       name
... except NameError as e:
...       print(e)
...       raise
...
```

上述代码 try 子句中声明了未定义的变量 name,程序会捕获到 NameError 异常,except 子句中提供了该异常类的处理语句,因此,程序会执行 except 子句中的代码,先输出异常信息,然后再次使用 raise 语句引发刚才出现捕获的 NameError 异常。运行结果如下所示:

```
name 'name' is not defined
Traceback (most recent call last):
  File "<stdin>", line 2, in <module>
NameError: name 'name' is not defined
```

需要注意的是,当在没有引发过异常的程序中使用无参的 raise 语句时,它默认引发的是 RuntimeError 异常。例如:

```
>>> raise
Traceback (most recent call last):
  File "<stdin>", line 1, in <module>
RuntimeError: No active exception to reraise
```

当然,手动让程序引发异常,很多时候并不是为了让其崩溃。事实上,raise 语句引发的异常通常用 try…except(…else…finally)异常处理结构来捕获并进行处理。

【例5：Exam8 -5. py】raise 语句举例：判断用户输入的是否为数字。

```
1    try:
2        number = input("输入一个数:")
3        if(not number.isdigit()):
4            raise ValueError("number 必须是数字")
5    except ValueError as e:
6        print("出现异常:",e)
7        raise
```

运行结果如图 8 - 19 所示。

图 8 - 19　raise 语句运行结果

可以看到，当用户输入的不是数字时，程序会主动抛出 ValueError 异常。抛出的异常会被 try 捕获，并由 except 代码块进行处理。由于在其之前已经手动引发了 ValueError 异常，因此这里当再使用 raise 语句时，它会再次引发一次。

8.3.2　assert 语句

assert 语句，又称作断言表达式，通常用于判定一个表达式是否为真。如果表达式为 True，不做任何操作，否则引发 AssertionError 异常，所以可以把 assert 语句当作条件式的 raise 语句，等同于 if 语句和 raise 语句的结合使用。其语法格式为：

```
assert 表达式[,参数]
```

其中，表达式是 assert 语句的判断对象，相当于条件，参数通常是一个字符串，用于描述异常的自定义信息。

【例6：Exam8 -6. py】assert 语句举例：输入圆的半径，求圆的面积。

```
1    try:
2        radius = float(input("请输入圆的半径:"))
3        assert radius > 0, "圆的半径要大于 0"
4        area = 3.14 * radius * radius
5        print("半径为% .2f 的圆的面积为% .2f" % (radius,area))
6    except AssertionError as e:
7        print("%s:%s" % (e.__class__.__name__,e))
```

运行程序,输入4.5,运行结果如图8-20所示。

图8-20　assert 语句运行结果

再次运行程序,输入-4.5,运行结果如图8-21所示。

图8-21　assert 语句运行结果

可以看到,当用户输入正数4.5时,断言表达式的值为True,程序正常运行,计算并输出圆的面积;当用户输入负数-4.5时,断言表达式的值为False,系统抛出了 AssertionError 异常,并在异常后显示了自定义的异常信息,后续的语句将不再运行。

需要注意的是,assert 语句用来收集用户定义的约束条件,而不是捕获内在的程序错误。例6中,如果我们运行程序,输入a,运行结果如图8-22所示,程序会崩溃。这里,大家可自行添加异常捕获处理代码块使程序正常运行。

图8-22　assert 语句运行结果

8.4　自定义异常

前面捕获的异常都是系统内置的,虽然这些异常类可以描述编程时出现的绝大部分情况,但是,程序员有时候要根据自己的需要设置异常,这就要用到自定义异常。Python 允许程序员创建自己的异常类。通常只需要创建一个异常类,让它继承 Exception 类或其他异常类即可。

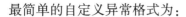

最简单的自定义异常格式为：

```
class XxxError(Exception):
    pass
```

其中，XxxError 为自定义异常的名称，与标准的内置异常类命名一样，以 Error 结尾。pass 为空语句，是为了保证程序结构的完整性。需要注意的是，自定义异常只能主动抛出。

为了便于大家更好地理解自定义异常，下面通过一个实例来演示其操作。

【例 7：Exam8 – 7. py】自定义异常举例。

某网站要求用户注册账号的时候，输入的密码长度不能少于 6 位，否则抛出一个自定义异常。

```
1    class ShortInputError(Exception):
2        pass
3    try:
4        password = input("请输入密码:")
5        if len(password) < 6:
6            raise ShortInputError("你输入的密码长度小于 6 位!")
7        else:
8            print("注册成功!")
9    except ShortInputError as e:
10       print("% s:% s" % (e.__class__.__name__,e))
```

在上述程序中，如果输入的密码长度小于 6 位，第 6 行代码使用 raise 语句抛出用户自定义的异常 ShortInputError，第 9 行和第 10 行语句用于捕获异常并输出异常描述信息。运行程序，在光标的位置输入"ab123"，按 Enter 键后，运行结果如图 8 – 23 所示。

图 8 – 23　自定义异常运行结果

重新运行程序，在光标的位置输入"abc123"，按 Enter 键后，运行结果如图 8 – 24 所示。

图 8 – 24　自定义异常运行结果

三、项目实现

本项目要求通过用户输入的身高和体重来判断一个人的体重是否是标准体重。身体质量指数(Body Mass Index,BMI)是国际上常用的衡量人体肥胖程度和是否健康的重要标准,主要适用于成年人,肥胖程度的判断不能采用体重的绝对值,它天然与身高有关。因此,BMI 通过人体体重和身高两个数值获得相对客观的参数,并用这个参数所处范围来衡量身体质量。其计算公式为:

$$\text{体重指数 BMI} = \text{体重}/\text{身高的平方}(\text{国际单位 kg/m}^2)$$

我国的参考标准是 BMI 在 18.5 ~ 23.9 时为正常水平,小于 18.5 为偏瘦,24 ~ 26.9 为偏胖,27 ~ 29.9 为肥胖,大于 30 为重度肥胖。

本项目要求能处理用户输入的不合法的数据,此外,由于本公式适用于成年人,还要求能够使用自定义异常类来处理身高过矮(小于 1 m)或过高(大于 3 m)的异常情况。

具体代码如下:

```
1    class HighErrorexxeption(Exception):
2        pass

3    while(True):
4        try:
5            high = eval(input("请输入身高(m):"))
6            weight = eval(input("请输入体重(kg):"))
7            BMI = weight /high ** 2
8            if high < 1 or high > 3:
9                raise HighErrorexxeption('身高不能小于100cm或大于300cm')

10           if BMI >=18.5 and BMI <=23.9:
11               print("恭喜你,体重正常,请继续保持!")
12           else:
13               if BMI < 18.5:
14                   print("体重偏瘦,请加强营养!")
15               elif BMI <= 26.9:
16                   print("体重偏胖,请加强锻炼!")
17               elif BMI <= 29.9:
18                   print("体重肥胖,请注意饮食!")
19               else:
20                   print("体重过度肥胖,请注意饮食,加强锻炼!")
21       except ValueError  as e:
22           print(e)
23           print("身高或体重数据格式输入有误,请重新输入!")
24       except HighErrorexxeption as reason:
25           print(reason,"请重新输入!")
```

项目的运行结果如图 8 - 25 所示。

图 8-25　项目运行结果

四、项目总结

本项目主要介绍了 Python 中与异常相关的知识，包括异常的概述、异常的捕获、异常的抛出和自定义异常。通过对本项目的学习，大家应该能够了解异常的捕获和处理机制，提高运行和维护 Python 程序的能力。

五、项目拓展

1. 编写程序，输入一个学生的成绩，把该学生的成绩转换为 A 优秀、B 良好、C 合格、D 不及格的形式，最后将该学生的成绩打印出来。要求使用 assert 断言处理分数不合理的情况。

2. 编程实现索引超出范围异常 Index Error 类型。

3. 猜数字游戏。随机取 1~10，然后让用户来猜，捕捉用户输入的非数字异常。

六、课后习题

1. 单选题

（1）下列关于异常的说法，错误的是（　　　）。

A. 程序一旦遇到异常，便会停止运行

B. 只要代码的语法格式正确，就不会出现异常

C. try 语句用于捕获异常

D. 如果 except 子句没有指明异常,可以捕获和处理所有的异常

(2)下列程序运行后,会产生( )异常。

```
a
```

A. SyntaxError   B. NameError   C. IndexError   D. KeyError

(3)下列选项中,( )是唯一不在运行时发生的异常。

A. TypeError   B. NameError   C. SyntaxError   D. KeyError

(4)下面描述中,错误的是( )。

A. 一条 try 子句只能对应一个 except 子句

B. 一条 except 子句可以处理捕获的多个异常

C. 使用关键字 as 可以获取异常的具体信息

D. 程序发生异常后,默认返回的信息包括异常类、原因和异常发生的行号

(5)当 try 语句中没有任何错误信息时,一定不会执行( )语句。

A. try   B. else   C. except   D. finally

(6)在完整的异常语句中,语句出现的顺序正确的是( )。

A. try→except→else→finally   B. try→else→except→finally

C. try→except→finally→else   D. try→finally→except→else

(7)下列语句中,不能捕获和处理异常的是( )。

A.

```
try:
    9 / 0
```

B.

```
try:
    9 / 0
except:
    print("除数不能为 0")
```

C.

```
try:
    9 / 0
except Exception as e:
    print(e)
```

D.

```
try:
9 / 0
except ZeroDivisionError as e:
print(e)
```

(8)下列选项中,用于触发异常的是( )。

A. try   B. catch   C. raise   D. except

2. 判断题

(1)默认情况下,系统检测到错误后会终止程序。　　　　　　　　　　（　　）

(2)如果 except 子句没有任何异常类型,则表示捕捉所有的异常。　　（　　）

(3)无论程序是否捕获到异常,一定会执行 finally 语句。　　　　　　（　　）

(4)assert 语句用于判定一个表达式是否为真。　　　　　　　　　　（　　）

(5)自定义的异常不能主动抛出。　　　　　　　　　　　　　　　　（　　）

3. 填空题

(1)Python 中所有的异常类都是＿＿＿＿＿＿＿＿＿的子类。

(2)当使用序列中不存在的＿＿＿＿＿＿＿＿时,会引发 IndexError 异常。

(3)如果在没有＿＿＿＿＿＿＿＿的 try 语句中使用 else 语句,就会引发语法错误。

(4)在 Python 中,如果想主动抛出异常,可使用＿＿＿＿＿＿＿＿和＿＿＿＿＿＿＿＿语句。

项目九

人机猜拳

一、项目分析

(一)项目描述

相信大家都玩过猜拳游戏,其中,"石头、剪刀、布"是猜拳的一种。在游戏规则中,石头胜剪刀,剪刀胜布,布胜石头。这是一种最普通、最流行而又历史最悠久的游戏玩法,玩起这个游戏,一定会令人想起快乐的童年时光。

现要求编写一个程序,模拟用户和电脑的猜拳游戏比赛,并最终判定游戏的胜负结果。

(二)项目目标

1. 理解面向对象技术的基本概念。

2. 掌握类的定义和使用方法。

3. 掌握创建对象、访问对象成员的用法。

4. 掌握属性和方法的定义。

5. 掌握类的继承和方法的重写。

(三)项目重点

1. 类的定义,并使用类创建对象。

2. 属性和方法的定义。

3. 使用类的继承和方法的重写编写程序。

二、项目知识

面向对象(Object Oriented)是程序开发领域中的重要思想,它是一种更符合人类思维模式的设计思想,这种思想模拟了人类认识客观世界的逻辑,是当前计算机软件工程学的主流方法。类是面向对象的实现手段。Python 是一门面向对象的编程语言,了解面向对象的编程思想对于学习 Python 开发至关重要。本项目将主要针对类与面向对象等知识进行详细介绍。

9.1 认识面向对象

面向对象编程是在面向过程编程的基础上发展来的,它比面向过程编程具有更强的灵活性和扩展性。所谓的面向对象编程(Object Oriented Programming,OOP),指的是一种编程的思

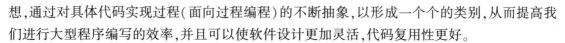

想,通过对具体代码实现过程(面向过程编程)的不断抽象,以形成一个个的类别,从而提高我们进行大型程序编写的效率,并且可以使软件设计更加灵活,代码复用性更好。

面向对象程序设计的一条基本原则是计算机程序由多个能够起到子程序作用的单元或对象组合而成,从而大大降低了软件开发的难度,使得编程就像搭积木一样简单。面向对象程序设计的一个关键性观念是将数据以及对数据的操作封装在一起,组成一个相互依存、不可分割的整体,即对象。对相同类型的对象进行分类、抽象后,得出共同的特征而形成了类,面向对象程序设计的关键就是如何合理地定义和组织这些类以及类之间的关系。

9.1.1 面向对象的基本概念

在介绍如何实现面向对象之前,这里先普及一些面向对象涉及的概念。

1. 对象(object)

现实世界中随处可见的一种事物就是对象,对象是事物存在的实体,比如一个人。换一种说法,对象是通过类定义的数据结构实例,通常将对象划分为两个部分,即静态部分与动态部分,这里静态部分被称为属性(property),属性不仅是客观存在的,而且是不能被忽视的,如人的性别。动态部分指的是对象的方法(method),即对象执行的动作,如人的跑步行为。总之,任何对象都是由属性和方法组成的。

在 Python 中,一切皆是对象,这里不仅具体的事物称为对象,字符串、函数等也都是对象。

2. 类(class)

类用来描述具有相同属性和方法的对象的集合,也就是封装对象的属性和行为的载体,反过来说,具有相同属性和行为的一类实体被称为类。任何对象都是某个类的实例(instance)。

在系统中通常有很多相似的对象,它们具有相同名称和类型的属性、使用相同的方法,将相似的对象抽象形成一个类,每个这样的对象被称为类的一个实例。例如,把人类群体比作Person 类,那么 Person 类具有性别、年龄、姓名、身高等属性,具有吃饭、睡觉等行为,而某学校某年级某班级某位同学就是 Person 类的一个对象。

3. 抽象(abstract)

抽象是抽取特定实例的共同特征,形成概念的过程,例如狗、狼、豺、狐狸等,抽取出它们的共同特性就得出"犬科"这一类,那么得出"犬科"概念的过程就是一个抽象的过程。抽象主要是为了使复杂度降低,它强调主要特征,忽略次要特征,以得到较简单的概念,从而让人们能控制其过程或以综合的角度来了解许多特定的事态。

4. 消息(message)

一个系统由若干个对象组成,各个对象之间通过消息相互联系、相互作用。消息是一个对象要求另一个对象实施某项操作的请求。发送者发送消息,在一条消息中,需要包含消息的接收者和要求接收者执行某项操作的请求,接收者通过调用相应的方法响应消息,这个过程被不断地重复,从而驱动整个程序的运行。

9.1.2 面向对象程序设计的特征

面向对象程序设计具有三大基本特征:封装、继承和多态。

1. 封装(encapsulation)

封装是面向对象编程的核心思想,将对象的属性和行为封装起来,其载体就是类,类通常会对客户隐藏其实现细节,这就是封装的思想。例如,用户使用计算机,只需要使用手指敲击键盘就可以实现一些功能,而不需要知道计算机内部是如何工作的。

采用封装思想保证了类内部数据结构的完整性,使用该类的用户不能直接看到类中的数据结构,而只能执行类允许公开的数据,这样就避免了外部对内部数据的影响,提高了程序的可维护性。

2. 继承(inheritance)

继承反映的是类与类之间的关系,根据继承与被继承的关系,可分为基类(父类)和衍类(子类)。继承是实现重复利用的重要手段,子类通过继承复用了父类的属性和行为,同时也能添加子类特有的属性和行为。如果要编写的类是另一个类的特殊版本,可使用继承。一个类继承另一个类时,它将自动获得另一个类的所有属性和方法。

3. 多态(polymorphism)

多态是指同一名字的方法产生了多个不同的动作行为,也就是不同的对象收到执行相同的消息时产生不同的行为方式。

将多态的概念应用于面向对象程序设计,不但更符合人类的思维习惯,能有效地提高软件开发的效率,使得程序代码具有更好的可读性,而且显著提高了软件的可复用性和可扩充性。

9.2 创建类与对象

在 Python 中,类表示具有相同属性和方法的对象的集合。在使用类之前,需要先定义类,然后再创建类的实例,通过类的实例就可以访问类的属性和方法了。

9.2.1 定义类

类是对象的抽象,是一种自定义的数据类型,它用于描述一组对象的共同特征和行为。类中可以定义数据成员和成员函数,数据成员用于描述对象特征,成员函数用于描述对象行为。Python 中使用 class 关键字来定义类,语法格式如下:

```
class 类名:
    属性名  =  属性值
    def 方法名(self):
        方法体
```

其中,类名是类的标识符,类名的命名规则一般采用的是"驼峰命名法",即类名大写字母开头,若类名包含多个单词,则每个单词的首字母都大写。类名后的冒号(:)必不可少。属性和方法都是类的成员,其中属性类似于前面学过的变量,方法类似于前面学过的函数,但需要注意,方法中有一个指向对象的默认参数 self。

【例 1:Exam9 – 1. py】定义 Person 类举例。

```
1    class Person:
2        name = "David"
3        age = 18
4        def speak(self):
5            print("My name is % s, I'm % d years old!"% (self.name,self.age))
```

以上代码定义了一个人类 Person,该类包含了一个描述姓名的属性 name、一个描述年龄的属性 age 和一个描述说话的方法 speak( )。

9.2.2 对象的创建与使用

1. 对象的创建

在定义完类后,并没有真正地创建一个对象。可以这样理解:定义完类以后,就相当于设计出一张机器的图纸,但是并没有生产出具体的机器,并且有了图纸以后,可以使用这张图纸生产很多的机器。

class 语句本身并不创建该类的任何对象,在定义完类以后,可以创建类的对象,语法如下:

对象名 = 类名(参数)

其中,参数是可选参数,当创建一个对象时,若没有创建__init__( )方法,或者__init__( )方法只有一个 self 参数时,参数可省略。

例如,在例 1 中,创建一个 Person 类的对象 p,代码如下:

p = Person()

2. 访问对象成员

若想在程序中真正地使用对象,需要掌握访问对象成员的方法。对象成员分为属性和方法。

(1)访问对象属性

要访问对象的属性,可使用句点表示法,其语法格式如下:

对象名 . 属性

例如上述的 Person 类,在创建完对象 p 后,访问对象的属性,代码如下:

print(p.name)
print(p.age)

运行结果如图 9 - 1 所示。

图 9 - 1 访问对象属性运行结果

句点表示法在 Python 中很常用,这种语法演示了 Python 如何获悉属性的值。在这里,Python 先找到实例 p,再查找与这个实例相关联的属性 name。在 Person 类中引用这个属性时,使用的是 self. name。同理,获取属性 age 的值也是一样。

(2)访问对象方法

要访问对象的方法,使用的也是句点表示法,其语法格式如下:

```
对象名 . 方法
```

例如上述的 Person 类,在创建完对象 p 后,访问对象的方法,代码如下:

```
p.speak()
```

运行结果如图 9 - 2 所示。

图 9 - 2   访问对象方法运行结果

在上述代码中,遇到 p. speak( )时,Python 在类 Person 中查找方法 speak( )并运行其代码。

9.3   属性和方法

9.3.1   构造方法和析构方法

Python 中提供了两个比较特殊的方法:构造方法和析构方法,分别用于初始化对象的属性和释放类所占有的资源。

1. 构造方法__init__( )

构造方法__init__( )在生成对象时调用,不需要显式去调用,系统会默认执行,用来进行类的属性的初始化操作。在这个方法的名称中,开头和末尾各有两个下划线,这是一种约定,旨在避免 Python 默认方法与普通方法发生名称冲突。类的方法与普通方法的区别在于:它们必须有一个额外的第一个参数名称,按照惯例,它的名称是 self,它是一个指向实例本身的引用,让实例能够访问类中的属性和方法,可以把它当作 Java 里面的 this 关键字。

每个类都有一个默认的构造方法__init__(self),在定义类时,如果没有显式定义__init__( )方法,那么 Python 解释器会调用默认的__init__( )方法,前面的两个例子采用的就是这种方式;如果显式地定义了__init__( )方法,则创建对象时,Python 解释器会调用显式定义的__init__( )方法。

__init__( )方法按照参数的有无(self 除外),可分为有参构造方法和无参构造方法。使用无参构造方法创建的所有对象都具有相同的属性值。若希望每次创建的对象都有不同的初始值,需要使用有参构造方法来实现。

为了让大家更好地理解构造方法,下面通过一个实例来具体演示。

【例2:Exam9 – 2. py】无参数构造方法举例。

```
1    class Student:
2       def __init__(self):
3           self.name = "林想"
4           self.major = "数字媒体技术"
5       def speak(self):
6           print("我叫%s,我的专业是%s!" % (self.name, self.major))
7    s1 = Student()
8    s1.speak()
9    s2 = Student()
10   s2.speak()
```

上述代码中,定义了一个 Student 类,该类中有一个构造方法和一个 speak( )方法。其中,在构造方法中添加了两个属性:name 和 major,并分别赋值;在 speak( )方法中使用 self 访问了两个属性的值。接着创建两个 Student 类的对象,分别调用 speak( )方法。运行结果如图 9 – 3 所示。

图 9 – 3 无参数构造方法运行结果

从图 9 – 3 的运行结果可以看出,创建的多个对象的属性值都是一样的。因此,如果想要在创建对象时修改属性的默认值,则可以在构造方法传入参数。

【例3:Exam9 – 3. py】有参数构造方法举例。

```
1    class Student:
2       def __init__(self,name,major):
3           self.name = name
4           self.major = major
5       def speak(self):
6           print("我叫%s,我的专业是%s!" % (self.name, self.major))
7    s1 = Student("李军","人工智能技术应用")
8    s1.speak()
9    s2 = Student("赵威","大数据技术")
10   s2.speak()
```

上述代码中,第 2~4 行代码定义了一个有参数的构造方法,并且将参数 name 和 major 分别赋给 name 和 major 两个属性。运行结果如图 9 – 4 所示。

图 9-4　有参数构造方法运行结果

2. 析构方法 __del__( )

在删除对象来释放类所占用资源的时候,Python 解释器会自动调用析构方法 __del__( )。接下来,通过一个案例来演示析构方法的使用。

【例 4:Exam9-4. py】析构方法举例。

```
1    class Student:
2        def __init__(self,name,major):
3            self.name = name
4            self.major = major
5        def __del__(self):
6            print("析构方法在运行……")
7    s1 = Student("李军","人工智能技术应用")
8    s2 = Student("赵威","大数据技术")
```

上述代码中,在第 5~6 行代码的析构方法中,添加了一个用于测试的打印语句,该语句会在程序结束时输出。

执行程序,运行结果如图 9-5 所示。

图 9-5　析构方法运行结果

从图 9-5 的运行结果可以看出,程序结束以后自动调用了两次析构方法 __del__( ),释放了对象 s1 和 s2 所占用的资源。

9.3.2　类属性和实例属性

类属性是类所拥有的属性,它需要在类中显式定义(位于类内部,方法的外面),它被所有类的实例对象所共有。对于公有的类属性,在类外可以通过类对象和实例对象访问。

实例属性不需要在类中显式定义,而应在构造函数中定义,定义时以"self. "作为前缀,实

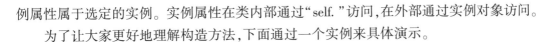

例属性属于选定的实例。实例属性在类内部通过"self."访问,在外部通过实例对象访问。

为了让大家更好地理解构造方法,下面通过一个实例来具体演示。

【例5:Exam9-5.py】类属性和实例属性举例。

```
1    class Test:
2        number = 10 # 类属性
3        def __init__(self,name,age):
4            self.name = name # 实例属性
5            self.age = age
6    t1 = Test("张三",16)
7    t2 = Test("李四",22)
8    print("通过实例访问类属性 number = ",t1.number) # 调用类属性
9    print("通过类访问类属性 number = ",Test.number)
10   print("实例属性 name = % s,age = % d"% (t1.name,t1.age)) # 调用实例属性
11   print("实例属性 name = % s,age = % d"% (t2.name,t2.age))
12   print("实例属性 name = % s,age = % d"% (Test.name,Test.age))
```

上述代码中,定义了一个 Test 类,该类中有一个类属性 number 和两个实例属性 name、age。接着创建两个 Test 类的对象,分别调用类属性和实例属性。运行结果如图9-6所示。

```
Run:    Exam9-5 ×
     D:\Python\pp\Scripts\python.exe D:/Python/Lesson9/Exam9-5.py
     通过实例访问类属性number = 10
     通过类访问类属性number = 10
     实例属性name=张三 , age=16
     实例属性name=李四 , age=22
     Traceback (most recent call last):
       File "D:/Python/Lesson9/Exam9-5.py", line 14, in <module>
         print("实例属性name=%s , age=%d"%(Test.name,Test.age))
     AttributeError: type object 'Test' has no attribute 'name'

     Process finished with exit code 1

  ▶ 4: Run   ≡ 6: TODO   ▶ Terminal   ✿ Python Console                    ① Event Log
```

图9-6　运行结果

从图9-6的运行结果可以看出,类属性可以通过类或者类的实例访问,而实例属性只能通过类的实例访问。

需要注意的是,如果在类中有相同的类属性和实例属性,通过对象访问属性时,会获得实例属性的值,通过类访问属性时,获得的是类属性的值。

9.3.3　类的方法

类的方法主要有三种类型:实例方法、类方法和静态方法,不同的方法有不同声明调用形式和访问限制。其中,实例方法是在类中经常定义的成员方法,它至少有一个参数并且必须以实例对象作为其第一个参数,一般用"self"表示。在类的外部,只能通过实例对象来调用。例如,例2和例3中定义的 speak( )方法就是一个实例方法。下面主要对类方法和静态方法进行

介绍。

1. 类方法

类方法需要用修饰器@ classmethod 来标识,其语法格式如下:

```
@classmethod
def 类方法名(cls,[参数列表]):
    方法体
```

其中,类方法的第一个参数为 cls,代表定义类方法的类,可以通过 cls 来访问类的属性。类方法可以修改类属性,实例方法无法修改类属性。要想调用类方法,既可以通过对象名来调用,又可以通过类名来调用。

为了让大家更好地理解类方法,下面通过一个实例来具体演示。

【例 6:Exam9 – 6. py】类方法举例。

```
1    class Test:
2        number = 10 # 类属性
3        @classmethod # 定义类方法
4        def set_num(cls,num):
5            cls.number = num
6    t = Test()
7    print(Test.number)
8    t.set_num(20) # 使用对象来调用类方法
9    print(t.number)
10   Test.set_num(100) # 使用类来调用类方法
11   print(Test.number)
```

上述代码中,定义了一个 Test 类,该类中有一个类属性 number 和一个类方法 set_num(),用于修改类属性 number 的值。接着创建一个 Test 类的对象,分别使用对象和类来调用类方法并输出修改后的类属性的值。运行结果如图 9 – 7 所示。

图 9 – 7　运行结果

从图 9 – 7 的运行结果可以看出,通过类或者对象都可以访问类方法。需要注意的是,类方法是无法访问实例属性和实例方法的。

2. 静态方法

静态方法需要用修饰器@ staticmethod 来标识,其语法格式如下:

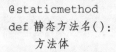

```
@staticmethod
def 静态方法名():
    方法体
```

其中,静态方法的参数列表中没有任何参数。静态方法中需要以"类名.方法/属性"的形式访问类的成员。要想调用静态方法,既可以通过对象名来调用,又可以通过类名来调用。

为了让大家更好地理解静态方法,下面通过一个实例来具体演示。

【例7:Exam9 – 7. py】静态方法举例。

```
1    class Test:
2        number = 10 # 类属性
3        @staticmethod # 定义静态方法
4        def static_method():
5            print("这是一个静态方法,类属性 number 的值为",Test.number)
6    t = Test()
7    t.static_method() # 使用对象来调用静态方法
8    Test.static_method() # 使用类来调用静态方法
```

上述代码中,定义了一个 Test 类,该类中有一个类属性 number 和一个静态方法。接着创建一个 Test 类的对象,分别使用对象和类来调用静态方法。运行结果如图9 – 8 所示。

图9 – 8 运行结果

从图9 – 8 的运行结果可以看出,通过类或者对象都可以访问静态方法。

通过以上的学习,我们可以知道,类的对象可以访问实例方法、类方法和静态方法,使用类可以访问类方法和静态方法。那么实例方法、类方法和静态方法有什么区别呢? 如果要修改实例属性的值,就使用实例方法;如果要修改类属性的值,就使用类方法;静态方法跟定义它的类没有直接的关系,只是起到类似于函数的作用。表9 – 1 总结了不同类型方法的调用形式以及访问限制。

表9 – 1 不同类型方法的调用限制

调用方法	实例方法	类方法	静态方法
通过实例调用	实例名.方法名	实例名.方法名	实例名.方法名
通过类调用	不可以	类名.方法名	类名.方法名
访问实例属性	可以	不可以	不可以
访问类属性	不可以	可以	不可以

9.4 封装

封装数据的主要原因是保护隐私。通常把隐藏属性、方法与方法实现细节的过程称为封装，即将某些部分隐藏起来，在程序外部看不到，其他程序无法调用，避免外界随意赋值。要了解封装，离不开"私有化"，就是将类或者函数中的某些属性限制在某个区域之内，外部无法调用。Python 通过在变量名或方法前加双下划线"__"来实现私有化。

Python 中属性的封装可以采用如下方式实现：

①把属性定义为私有属性，即在属性前加双下划线"__"。

②添加可以供外界调用的两个方法，分别用于设置和获取属性值。

为了便于大家更好地理解封装，下面通过一个实例来具体演示其操作。在例 1 中，修改代码如下：

```
p = Person()
p.age = 500
p.speak()
```

运行结果如图 9 - 9 所示。

图 9 - 9 运行结果

上述代码中，使用 Person 类创建一个对象 p，设置属性 age 的值为 500。从现实生活的角度来看，这个年龄的设置显然是不符合逻辑的。

下面采用封装的方式，对上述代码进行修改。

【例 8：Exam9 - 8. py】封装举例。

```
1    class Person:
2        name = "David"
3        __age = 18
4        def set_age(self,new_age):
5            if new_age > 0 and new_age <= 130:
6                self.__age = new_age
7            else:
8                print("Error:age out of range!")
9        def get_age(self):
10           return self.__age
11       def speak(self):
12           print("My name is %s, I'm %d years old!"% (self.name,self.age))
13   p = Person()
14   print(p.__age)
```

运行结果如图 9 – 10 所示。

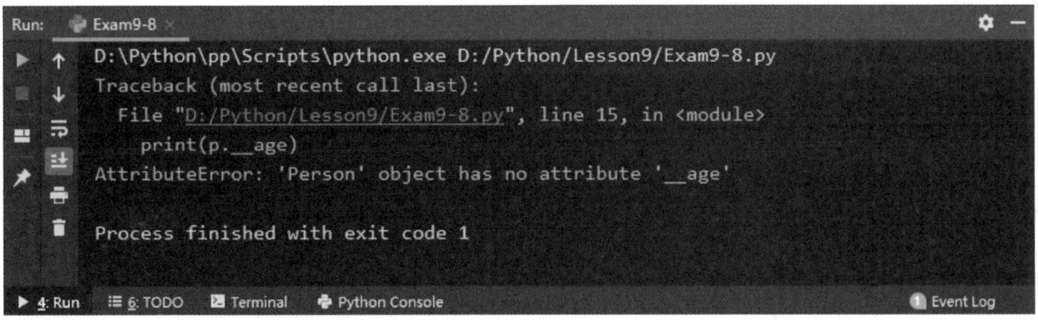

图 9 – 10　访问私有属性的运行结果

从图 9 – 10 运行结果的错误信息可以看出,在 Person 类中没有找到__age 属性。出现上述问题,原因在于把属性__age 定义为私有属性,类的外面是无法访问私有属性的。所以,为了能在外界访问私有属性的值,需要用到该类提供的用于设置和获取属性值的方法。

修改例 2 中的代码,如下所示:

```
14   p.set_age(40)
15   print(p.get_age())
```

执行程序,运行结果如图 9 – 11 所示。

图 9 – 11　设置并获取私有属性的运行结果

从图 9 – 11 的运行结果可以看出,外界通过提供的 set_age( ) 和 get_age( ) 方法分别设置和获取了私有属性__age 的值。Python 不像 Java 语言提供了关键字 public 和 private 来区分公有属性和私有属性,它是以属性命名的方法进行区分的,如果属性名的前面加了双下划线,就表明该属性是私有属性,否则就是公有属性。

另外,如果在写第 14 行代码的时候,不小心写成了 p. set_age(400),此时的年龄不合乎逻辑,将输出错误提示信息。程序的运行结果如图 9 – 12 所示。

图 9 – 12　运行结果

9.5 继承

在编写类的代码时,并不是每次都要从空白开始。当要编写的类和另一个已经存在的类之间存在一定继承关系时,就可以通过继承来达到代码重用的目的,提高开发效率。

继承是面向对象编程最重要的特征之一,它源于人们认识客观世界的过程,是自然界普遍存在的一种现象。在程序设计中实现继承,表示这个类拥有它继承的类的所有共有成员或者受保护的成员。在面向对象编程中,被继承的类称为父类或者基类,新的类称为子类或者派生类。

9.5.1 继承的基本语法

通过继承不仅可以实现代码的重用,还可以通过继承来理顺类与类之间的关系。继承的语法格式如下:

```
class ClassName(baseclasslist):
    statement
```

其中:

①ClassName:子类名。

②baseclasslist:要继承的父类,可以有多个,类名之间有逗号","分隔。可以不指定 base-classlist,那么将使用所有 Python 对象的根类 object。如果只有一个父类,称作单继承;如果有多个父类,称作多继承。

③statement:类的类体,主要由类变量、方法、属性等定义语句组成。假如在定义类时没想好类的具体功能,也可以在类体中直接使用 pass 语句代替。

下面通过一个实例来演示类的继承关系。

【例 9:Exam9 – 9. py】继承举例。

```
1   class DemoA:
2       numA = 10
3       def showA(self):
4           print("showA is running…")
5   class DemoB:
6       numB = 20
7       def showB(self):
8           print("showB is running…")
9   class Demo(DemoA,DemoB):  #多继承
10      pass
11  d = Demo()
12  print("numA = ",d.numA)  #访问父类的属性
13  print("numB = ",d.numB)
14  d.showA()  #访问父类的方法
15  d.showB()
```

上述代码中,定义了两个类 DemoA 和 DemoB,然后定义了一个类 Demo 继承了 DemoA 类和 DemoB 类,接着创建一个 Demo 类的对象,分别使用对象调用父类的属性和方法。运行结果如图 9－13 所示。

图 9－13　运行结果

从图 9－13 的运行结果可以看出,Demo 类继承了 DemoA 类和 DemoB 类,因此具有 DemoA 类和 DemoB 类的所有属性和方法。

需要注意的是,子类在继承父类的时候,只能继承父类的共有属性和方法,不能继承父类的私有属性和方法,更不能直接访问父类的私有属性和方法。例如,如果把 numA 定义成了私有属性__numA,在执行语句 print("numA ＝",d. __numA)时就会出现错误,如图 9－14 所示。

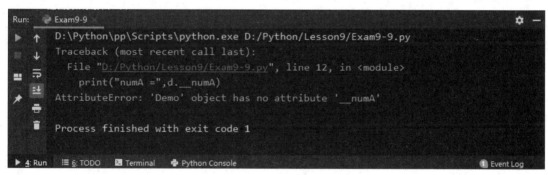

图 9－14　运行结果

9.5.2　子类定义属性和方法

一个类继承另一个类后,还可以添加子类自己的属性和方法。下面通过一个实例来演示。

【例 10：Exam9－10. py】子类定义属性和方法举例。

```
1    class DemoA:
2        numA = 10
3        def showA(self):
4            print("showA is running…")
5    class Demo(DemoA):  # 单继承
6        num = 100
7        def show(self):
8            print("show is running…")
```

```
9     d = Demo()
10    print("numA = ",d.numA) # 访问父类的属性
11    print("num = ",d.num) # 访问子类的属性
12    d.showA() # 访问父类的方法
13    d.show() # 访问子类的方法
```

上述代码中,在子类 Demo 中定义一个属性 num 和一个方法 show(),接着使用 Demo 类的对象分别调用父类和子类的属性和方法。运行结果如图 9 - 15 所示。

图 9 - 15　运行结果

9.5.3　重写父类的方法

子类可以继承父类的方法,对于继承的父类方法,只要它不符合子类模拟的实物的行为,都可对其进行重写,以实现理想的功能。为此,可在子类中定义一个这样的方法,即它与要重写的父类方法同名。这样,Python 将不会考虑这个父类方法,而只关注你在子类中定义的相应方法。

下面通过一个实例来演示。

【例 11:Exam9 - 11. py】重写父类的方法举例。

```
1     class Animal:
2         def shout(self):
3             print("这是一个描述动物吼叫的方法")
4     class Dog(Animal):
5         def shout(self):  # 重写 shout()方法
6             print("Dog is shouting…汪汪汪")
7     class Cat(Animal):
8         def shout(self):  # 重写 shout()方法
9             print("Cat is shouting…喵喵喵")
10    d = Dog()
11    d.shout()
12    c = Cat()
13    c.shout()
```

上述代码中,定义一个 Animal 类,然后定义了 Dog 类和 Cat 类两个子类继承了 Animal 类,也就继承了父类中的描述动物吼叫的 shout()方法,因为 Dog 类和 Cat 类分别有自己不同的吼

叫方式,所以在子类 Dog 类和 Cat 类中分别重写了父类中的 shout( )方法,接着分别创建子类 Dog 类和 Cat 类的对象调用 shout( )方法。运行结果如图 9 – 16 所示。

图 9 – 16　运行结果

从图 9 – 16 的运行结果可以看出,子类的对象在调用继承的父类方法时,执行的是每个子类重写之后的方法。

9.6　多态

多态即多种形态,在运行时确定其形态,在编译阶段无法确定其类型,这就是多态。在 Python 中,多态指在不考虑对象类型的情况下使用对象,只要对象具有预期的方法,就可以使用对象。

在继承关系中,子类重写父类的同名方法,当调用同名方法时,系统会根据对象来判断执行哪个方法,这就是多态性的体现。

下面通过一个实例来具体演示多态。

【例 12:Exam9 – 12. py】使用多态改写例 11。

```
1    class Animal:
2        def shout(self):
3            print("这是一个描述动物吼叫的方法")
4    class Dog(Animal):
5        def shout(self): #重写 shout( )方法
6            print("Dog is shouting··汪汪汪")
7    class Cat(Animal):
8        def shout(self): #重写 shout( )方法
9            print("Cat is shouting··喵喵喵")
10   def hou_jiao(obj):
11       obj.shout()
12   d = Dog()
13   hou_jiao(d)
14   c = Cat()
15   hou_jiao(c)
```

上述代码中,定义一个 Animal 类和它的两个子类 Dog 类、Cat 类,它们都有 shout( )方法。然后定义方法 hou_jiao( ),该函数接收一个参数 obj,并让 obj 调用了 shout( )方法。接着分别创建子类 Dog 类和 Cat 类的对象,将这两个对象作为参数传入方法 hou_jiao( )中。运行结果如图 9 – 17 所示。

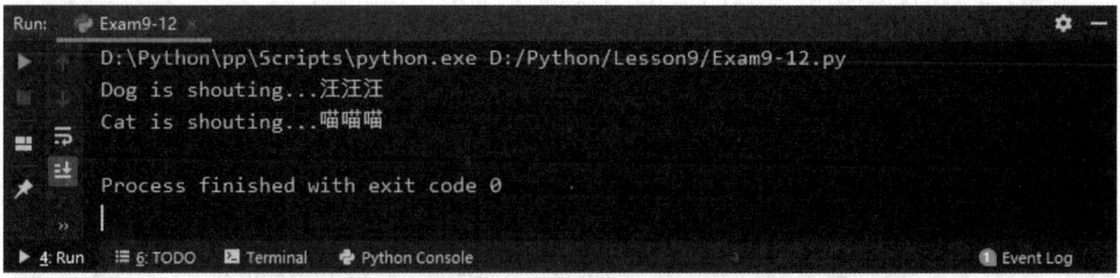

Run: ● Exam9-12 ✕

D:\Python\pp\5cripts\python.exe D:/Python/Lesson9/Exam9-12.py
Dog is shouting...汪汪汪
Cat is shouting...喵喵喵

Process finished with exit code 0

▶ 4: Run   ☰ 6: TODO   ➤ Terminal   ⬢ Python Console   ① Event Log

图 9 – 17   多态运行结果

从图 9 – 17 的运行结果可以看出,同一个方法会根据参数的类型去调用不同的方法,从而产生不同的结果。需要注意的是,方法 hou_jiao( )中没有规定参数 obj 的类型,它可以接收任意类型的对象,但是传入的这些对象中必须有 shout( )方法,否则会产生错误。

三、项目实现

关于石头剪刀布这个小游戏,大致思路就是,玩家出一个手势,然后电脑再随机出一个手势,最后判断是玩家获胜还是电脑获胜。最简单的思路就是将这三个手势用三个代号来表示,然后去判断代号之间的关系,最后输出胜方。

这里使用1、2、3 数字来对三个手势进行代号化,如下所示:

1 代表石头,2 代表剪刀,3 代表布。

石头 > 剪刀,剪刀 > 布,布 > 石头。

使用三种分类方式:玩家赢、平局和电脑赢来进行三种判断,当玩家出石头(1)并且电脑出剪刀(2)或者玩家出剪刀(2)并且电脑出布(3)或者玩家出布(3)并且电脑出石头(1)这三种情况时,玩家赢;当玩家和电脑的手势代号一致时,平局;其他情况电脑赢。

具体代码如下:

```
1     import random
# 定义玩家类
2     class Role:
3         def __init__(self, name = None, score = 0):
4             self.name = name
5             self.score = score
# 选择玩家角色
6         def chooseRole(self):
7             roleOptions = ('曹操', '刘备', '孙权')
8             while True:
9                 choice = input('请选择角色:1. 曹操 2. 刘备 3. 孙权
                          \n').strip()
10                if choice in '123' and len(choice) == 1:
11                    self.name = roleOptions[int(choice) - 1]
12                    print('您选择的角色是{0}。'.format(self.name))
13                    return
```

```
14          else:
15              print('输入错误,请重新选择。')
# 玩家出拳
16      def showFist(self):
17          fistOptions = ('石头', '剪刀', '布')
18          while True:
19              yourstake = input('请出拳:1. 石头 2. 剪刀 3. 布 \n').strip()
20              if yourstake in '123' and len(yourstake) == 1:
21                  print('{0}出"{1}"'.format(self.name,
                            fistOptions[int(yourstake) - 1]))
22                  return fistOptions[int(yourstake) - 1]
23              else:
24                  print('输入错误,请重新输入。')
# 定义输出数据
25      def __str__(self):
26          return '角色名称:{}'.format(self.name)
# 定义电脑类
27  class Computer:
28      def __init__(self, name = '电脑', score = 0):
29          self.name = name
30          self.score = score
# 电脑出拳
31      def showFist(self):
32          rdom = random.choice(['石头', '剪刀', '布'])
33          print('{0}出"{1}"'.format(self.name, rdom))
34          return rdom
# 定义游戏类
35  class Game:
36      noWin = 0
37      role = Role()
38      computer = Computer()
# 开始游戏
39      def startGame(self):
40          print('人机猜拳'.center(100, '-'))
41          self.role.chooseRole()
42          falg = input("是否现在开始(y/n):")
43          while (falg == 'y'):
44              roleFist = self.role.showFist()
45              computerFist = self.computer.showFist()
46              self.judgeWinner(roleFist, computerFist)
47              falg = input("是否继续(y/n)")
48          self.showResult()
49          print('对战结束')

# 判定胜负
50      def judgeWinner(self, rFist, cFist):
```

```
51          fistComp = ('石头', '剪刀', '布')
52          if rFist == cFist:
53              print('平局')
54              self.noWin += 1
55          elif fistComp.index(rFist) + 1 == fistComp.index(cFist)
             or fistComp.index(rFist) - 2 == fistComp.index(cFist):
56              print('{0}赢'.format(self.role.name))
57              self.role.score += 1
58          else:
59              print('{0}赢'.format(self.computer.name))
60              self.computer.score += 1
     # 显示结果
61      def showResult(self):
62          print('{0} VS {1}'.center(100,'-').format(self.role.name,
                             self.computer.name))
63          print('{0}赢 {1} 局。'.format(self.role.name,
                             self.role.score))
64          print('{0}赢 {1} 局。'.format(self.computer.name,
                             self.computer.score))
65          print('平局 {0} 次。'.format(self.noWin))
66          if self.role.score > self.computer.score:
67              print('{0}赢了!'.format(self.role.name))
68          elif self.role.score == self.computer.score:
69              print('双方打平!')
70          else:
71              print('{0}赢了!'.format(self.computer.name))

72  def main():
73      game = Game()
74      game.startGame()

75  if __name__ == '__main__':
76      main()
```

项目的运行结果如图 9 – 18 所示。

四、项目总结

本项目首先介绍了面向对象编程的知识,包括面向对象的基本概念、类的定义和对象的创建;然后介绍了属性和方法,包括类属性和实例属性、构造方法和析构方法、类的方法;最后介绍了面向对象的三大特征:封装、继承和多态。通过本项目的学习,大家应该对面向对象有了深入的了解,能熟练地定义和使用类,为以后的开发奠定扎实的面向对象编程思想,并具备开发面向对象项目的能力。

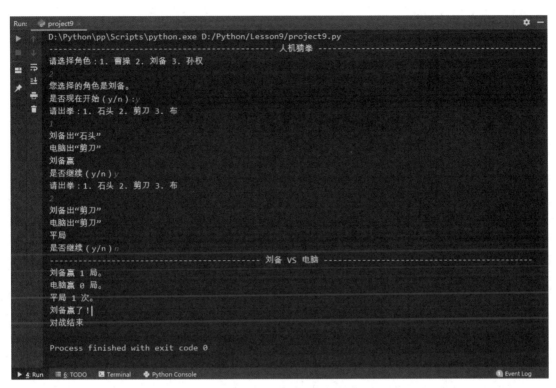

图 9-18　项目运行结果

五、项目拓展

1. 设计一个 Circle(圆)类,该类中包括属性 radius(半径),还包括构造方法__init__()、get_premeter()(求周长)和 get_area()(求面积)等方法。设计完成后,创建 Circle 类的对象并测试求周长和面积的功能。

2. 设计一个 Student(学生)类,该类中包括下面的类属性:姓名、年龄、成绩(语文,数学,英语)[每课成绩的类型为整数],还包括下面的类方法:

(1)获取学生的姓名:get_name();

(2)获取学生的年龄:get_age();

(3)获取 3 门科目中最高的分数:get_course()。

设计完成后,创建 Student 类的对象并测试各方法的功能。

3. 设计一个列表的操作类 ListInfo,该类中包括以下方法:

(1)添加列表元素:add_key(keyname);

(2)获取列表元素值:get_key(num);

(3)删除并且返回最后一个元素:del_key()。

设计完成后,创建 ListInfo 类的对象并测试各方法的功能。

4. 设计一个 Animal(动物)类,该类中包括方法 eat()(吃饭)。再设计一个 Cat(猫)类,继承了 Animal 类,重写 eat()方法,再添加一个 catch_mouse()(捉老鼠)方法。设计完成后,创建

Cat 类的对象并测试功能。

六、课后习题

1. 单选题

(1)下列关于类的说法,错误的是(　　)。

A. 在类中可以定义私有方法和属性

B. 类方法的第一个参数是 cls

C. 实例方法的第一个参数是 self

D. 类的实例无法访问类属性

(2)构造方法的作用是(　　)。

A. 一般成员方法　　　　B. 类的初始化　　　　C. 对象的初始化　　　　D. 对象的建立

(3)构造方法是类的一个特殊方法,Python 中它的名称为(　　)。

A. 与类同名　　　　B. _construct　　　　C. __init__　　　　D. init

(4)Python 类中包含一个特殊变量(　　),它可以访问类的成员。

A. self　　　　B. me　　　　C. this　　　　D. 与类同名

(5)Python 中用于释放类占用资源的方法是(　　)。

A. __init__　　　　B. __del__　　　　C. _del　　　　D. delete

(6)以下 C 类继承 A 类和 B 类的格式中,正确的是(　　)。

A. class C A,B:　　　　　　　　　　B. class C(A:B):

C. class C(A,B):　　　　　　　　　　D. class C A and B:

(7)下列选项中,用于标识为静态方法的是(　　)。

A. @ classmethod　　　　　　　　　B. @ instancemethod

C. @ staticmethod　　　　　　　　　D. @ privatemethod

(8)下列方法中,不可以使用类名访问的是(　　)。

A. 实例方法　　　　B. 类方法　　　　C. 静态方法　　　　D. 以上都不是

(9)阅读下面程序:

```python
class Test:
    count = 21
    def print_num(self):
        count = 20
        self.count += 20
        print(count)
test = Test()
test.print_num()
```

运行程序,输出结果是(　　)。

A. 20　　　　B. 40　　　　C. 21　　　　D. 41

(10)下列关于继承的说法中,错误的是(　　)。

A. 子类会自动拥有父类的属性和方法

B. 如果一个类有多个父类,该类会继承这些父类的成员

C. 私有属性和私有方法是不能被继承的

D. Python 不支持多继承

2. 判断题

(1)通过类可以创建对象,有且只有一个对象实例。 (   )

(2)创建类的对象时,系统会自动调用构造方法进行初始化。 (   )

(3)创建完对象后,其属性的初始值是固定的,外界无法进行修改。 (   )

(4)类方法可以使用类名进行访问。 (   )

(5)子类能继承父类的一切属性和方法。 (   )

(6)使用类名获取到的值一定是类属性的值。 (   )

(7)子类通过重写继承的方法,覆盖掉跟父类同名的方法。 (   )

(8)Python 语言中一切皆是对象。 (   )

(9)类是对象的抽象,对象是类的实例。 (   )

(10)在 Python 中,子类需要重写的方法名和参数列表必须与父类的方法名和参数列表完全相同。 (   )

3. 填空题

(1)Python 中使用关键字_____声明一个类。

(2)Python 中通过在属性名前添加_____方式设置私有属性。

(3)类方法需要用修饰器_____来标识,告诉解释器这是一个类方法。

(4)通过继承创建的新类称为_____,被继承的类称为_____。

(5)阅读下面程序:

```python
class Animal:
    def __init__(self,name,weight):
        self.name = name
        self.weight = weight
    def fly(self):
        print("Can I fly?")
    def jump(self):
        print("Can I jump?")
    def __str__(self):
        return 'My name is {self.name} and my weight is
                    {self.weight} kilograms.'
class Tiger(Animal):
    def fly(self):
        print("I can't fly")
    def jump(self):
        print("I can jump")

class Bird(Animal):
    def fly(self):
```

```
        print("I can fly")
    def jump(self):
        print("I can jump")

t = Tiger("虎多多",1000)
b = Bird("波利",1)
zoo = []
zoo.append(t)
zoo.append(b)
for animal in zoo:
    print(f"I am a {type(animal).__name__}.{animal}")
    animal.fly()
    animal.jump()
```

运行程序,输出结果是_____。

(6)Python 语言既支持单继承,也支持_____继承。

参 考 文 献

［1］李学刚. Python 语言程序设计［M］. 北京：高等教育出版社,2019.

［2］黑马程序员. Python 程序开发案例教程［M］. 北京：中国铁道出版社,2019.

［3］赵广辉. Python 语言及其应用［M］. 北京：中国铁道出版社,2019.

［4］董付国. Python 程序设计［M］. 北京：清华大学出版社,2020.

［5］黑马程序员. Python 快速编程入门［M］. 北京：人民邮电出版社,2017.